大是文化

サブスクリプション 2.0
衣食住すべてを飲み込む最新ビジネスモデル

訂閱經濟的獲利實例

包包、西裝、手錶、眼鏡、汽車到房子……
超過 20 個案例，讓顧客從買一次變成一直買。

日經 BP 經營，行銷與消費領域的專業數位媒體
日經 xTREND（Nikkei xTREND）－著
林農凱－譯

CONTENTS

第二章 食的經濟，體驗是關鍵，製造大廠也開始加入

CONTENTS

CONTENTS

推薦序一

訂閱經濟 2.0：從一次購買變持續性消費

知名財經作家／Mr. Market 市場先生

談到訂閱經濟時，許多人第一個想到的，往往都是定期付費。包含從傳統一次性付費的商品和服務，轉為定期持續的付費方式。

但實際上，付費模式只是訂閱經濟中的一小部分，如果企業只做到付費方式轉換，把一次性付費變成分期付款，那就很可惜。所謂的「訂閱」，不只談收費方式從一次性變成持續性，主要是談論**「廠商與客戶間的關係」**，**從一次性變成長久的持續性關係**。

建立這種關係，才有可能衍生出對客戶提供更加客製化的內容，藉此提高提供給客戶的價值或降低客戶付出的成本，與客戶的關係才能更加穩固，無形間也增加了客戶的轉換成本，這就是訂閱經濟的本質。

如何隨著與客戶長期關係的累積，為客戶帶來更大的價值，甚至讓「客戶」成為「用戶」，這是說起來簡單，但執行起來最困難的一環，是所有企業的難題。原因是商業的競爭無所不在，並非只是提供訂閱服務就能無往不利。

過往談到訂閱經濟，談的往往都是一些歐美的科技巨頭，例如 Netflix、微軟（Microsoft）、蘋果（Apple）等企業。這本書提供了許多日本企業轉型案例，包含大型和中小型企業，類型也涵蓋製造端和通路與服務端。

書中幾個讓人印象深刻的例子，在推出訂閱服務的同時，也為客戶帶來了額外的價值，有可能不只是省一點錢的划算優惠，例如：

一、金之藏居酒屋：透過無限暢飲的訂閱服務，替客戶大幅節省點飲料的成本，但也同步增加了來店頻率與帶動餐點的銷售。

二、麒麟啤酒：提供新鮮啤酒送到府服務，讓客戶有更好的飲用體驗，而不是只有送酒到府。

三、目立康隱形眼鏡：提供隱形眼鏡更換服務，讓顧客產生安心感，不會捨不得換，使隱形眼鏡髒汙、破損對個人的傷害減少。

持續性的服務中，顧客獲取成本（CPA）、顧客終身價值（LTV）、退訂率，都是非常關鍵的指標。從本書個案我們可以學習到許多相關經驗，例如共享式的租借服務中：

一、客戶退訂行為很大比例會**發生在歸還租借產品的時間點**。

二、如果客戶**沒有在租賃期間卻仍需要付費**，退訂意願也會很高。

書中另一項值得一看的，是提到許多失敗的訂閱服務案例，包含：

一、訂閱經濟除了提供產品外也附帶了服務，往往伴隨更高的經營成本，以及更低的單次收入，且競爭環境依然存在。如果為客戶創造的價值不夠高，就很難延續下去。

二、不同國家環境條件不同，造成客戶的購買場景不同。在歐美成功的訂閱模式，換到其他國家市場不一定能成功。

三、客戶使用產品服務的情境若有特定期限，也會降低顧客終身價值，讓事業難以成長。

企業如何往訂閱模式轉型，目前其實仍然沒有標準答案，只能透過各種不同的案例來學習。

訂閱服務必定是未來趨勢，因為它能讓企業和客戶之間建立更穩定的關係，等同於更強的競爭力，這勢必也會影響到產業中所有競爭者，必須一併跟進提高自己提供的服務與價值。即使今天你不是企業經營者，作為使用者或投資人，訂閱經濟依然會對我們帶來影響。預祝你能從書中有所收穫。

推薦序二

從所有權到使用權的遞嬗，見證新商業邏輯的崛起

《內容感動行銷》、《慢讀秒懂》作者／鄭緯筌

說到訂閱這件事，你會想到什麼？可能很多人的腦海裡，會立刻浮現以前訂報紙、雜誌或第四臺（有線電視）的回憶吧？

這些的確都在訂閱的範疇內。但如果問較年輕的族群，可能答案就會更多元了！從Microsoft 365、Adobe Creative Cloud、Spotify、Netflix到YouTube Premium，訂閱服務的商品類型可說是包羅萬象、應有盡有。如今，甚至連汽車和手搖飲料都可以訂閱。

而除了有形商品，更可以結合集資的概念，讓社會大眾透過訂閱的力量，來支持自己喜歡的意見領袖或網紅。訂閱服務雖非新鮮事，但堪稱是近年來最受到矚目的商業模

式之一。

所以，當大是文化的編輯邀請我，希望可以為《訂閱經濟的獲利實例》撰寫推薦序時，老實說，當下我的內心是雀躍的。

開心的原因有很多，不只是因為這本由日經BP出版的好書，終於有機會引進臺灣；更因為我深諳訂閱經濟的原理、商業邏輯與商業模式，也很看好其後續發展。甚至，我還從二〇二〇年元月開始，在方格子平臺推出了自己的訂閱服務《Vista通訊》（https://vocus.cc/vista-express/home）。

話說回來，我平時不但訂閱了很多商品和服務，自己也對外提供訂閱服務，透過身體力行的方式，實際親炙訂閱經濟的魅力……看到這裡，你應該不難見到我對訂閱經濟的肯定與支持吧！

我還記得，在先前曾聽過的一場相關講座中，祖睿（Zuora）公司的產品管理資深總監林怡昌指出：**以前我們付費買到的是所有權，而現在買到的卻是使用權；反觀企業以前提供的是產品，如今提供的卻是服務**。

訂閱經濟的崛起，讓我們見證了一場從所有權到使用權遞嬗的戰役。趕上數位轉型的浪潮，訂閱服務也歷經多次調整與迭代，各家廠商如今紛紛採行以消費者為中心的思維模式。

老實說，訂閱服務的概念並不難理解，有心人只要稍微看過幾篇研究報告或論文，便可略知一二。但如果我們想要迅速學習或仿效他人的成功模式，那麼就需要多方涉獵精彩案例，並仔細探究其背後的商業邏輯運作。

特別是在新冠肺炎疫情肆虐的此刻，世界各國的商務往來都被迫取消或延後，很多生意或活動也只好轉移到線上。而訂閱服務的日益普及，剛好能突破時空環境的局限，也能在市場上做出明確的區隔。

《訂閱經濟的獲利實例》這本書，可說來得正是時候！如果你剛好也對訂閱服務感興趣或好奇的話，我很樂意向大家推薦這本難能可貴的好書。

推薦序三

從鄰近國家學習多面向的獲利實例

「創意角落」創辦人、網路數位專欄作家／Yo Chen 宥勳

談起我研究訂閱經濟的開端，是我在倫敦大學唸碩士班時訂下的研究方向，一開始的課題是找出訂閱服務能支撐新聞媒體的關鍵，我嘗試透過歐洲訂閱服務的新聞媒體案例，找出其共有的特色，如：英國雜誌《延遲滿足》（*Delayed Gratification*）、荷蘭網路媒體《特派員》（De Correspondent）、法國網路媒體《參報》（Mediapart）。

研究順利完成，但有一個顯而易見的問題——真正派上用場的案例有限。即便是早於臺灣好幾年開始發展訂閱經濟，且市場又比臺灣大的歐美國家，完全以訂閱經濟為商業模式，或以訂閱經濟取得成功的企業，比例上來說少之又少，若細分各項產業來談，那就更不用說。

我回臺後恰巧碰上訂閱經濟的熱潮，看著國外過去開花結果的案例，臺灣的訂閱經濟被推上了檯面。當時，訂閱經濟幾乎是以救世主的姿態空降臺灣市場，也讓許多的企業紛紛投入，像是手搖杯品牌大苑子、臺灣《蘋果日報》，甚至是二〇二〇年九月推出訂閱服務的格上租車。

無論結果為何，訂閱經濟在臺灣的發展仍舊受到關注，只是風向不再如同早先那樣的樂觀，但仍舊有致力於這個領域的前輩關注其發展，企圖找到一個可運作的方式。

無論是做研究或實際在市場運作，至少都會期待有個標竿能依循，即便成功的方式無法完全被複製，但每一個成功的案例背後，都是在市場千錘百鍊後的結果。企業即使無法找到一個完美的方程式，若能從他人的經驗中汲取失敗的教訓或找到靈感，就已經非常難得。

但對於市場、受眾偏好、產業結構與歐美國家大相逕庭的臺灣，歐美的案例可用於參考的十分有限，就算找到了類似的案例，礙於時間、空間的因素，要能應用、取得一手資料，難度也很高。最終只能以臺灣為中心，**從鄰近國家找出大略相近、多面向且穩定運行的案例**，並從中討論及分析。

《訂閱經濟的獲利實例》這本書，簡明扼要的介紹日本各種透過訂閱服務獲利的實際案例，舉凡常見的時裝精品、服飾、汽車、娛樂產業，到執行上難度很高的家具、居住空間、啤酒訂閱等都有詳盡的介紹，作為初識訂閱經濟是一本相當實用的書籍，書內除了記述企業成功的概念及方法外，讀者也可以從書中認識訂閱經濟實際在市場落地的情況。

讓我對這本書更感到興趣的地方是對失敗經驗的撰寫，原因很簡單——要成功很難，但要失敗很簡單，而且失敗往往是最少人關注的。為了不要讓失敗毫無意義，我們都必須盡可能釐清失敗的因素，才不會重蹈覆轍。

有句話是這樣說的：「訂閱經濟，水很深，沒事不要亂碰。」訂閱服務不管是前期的拉新顧客到中後期的留舊顧客，都不亞於過往營運的艱困程度。

追求顧客終身價值（LTV）的訂閱經濟，勢必要在消費者掌握更多權力的狀況下，持續提供「更超值的包裹」，同時也要滿足長期續訂所需要的「驚喜」，要是一個閃神，就如同消費者取消訂閱（unsubscribe）一樣簡單，一個品牌、企業也會在指碰瞬間直接瓦解。

最後，找案例真的很辛苦，有人都整理好給你了，不錯吧！

前言

訂閱經濟 2.0，製造業正式參戰

最近這五至十年內，與食衣住行相關的商品與服務，其販售與購買方法有了巨大轉變——原動力正是訂閱經濟（subscription），豐田汽車（TOYOTA）、松下電器（Panasonic）、麒麟啤酒（KIRIN）等業界大廠皆紛紛投入。

因訂閱經濟導致市場版圖大變動的業界中，最為人所知的，莫過於 Spotify 與 Netflix 等影音串流平臺帶動的音樂及影視產業。日本的音樂訂閱經濟市場規模，在二〇一八年（含廣告收入）達三百四十九億日圓（按：一日圓約等於新臺幣〇．二八元），相較於五年前急速擴大了十一．三倍（日本唱片協會調查）。現在消費者的消費方式，已從購買音樂與影視的實體商品，逐漸轉變成透過定期付費，隨時隨地享受喜愛的影音內容。

訂閱經濟原意是指報章雜誌的定期（預約）購買，並衍伸出「消費者支付費用以在一定期間內，使用商品或服務」的意思，因此，這個商業模式絕非嶄新的概念。像是每個月不限停車次數的包月制停車場、手機通話吃到飽等，早就存在於我們的生活中；電子商務網站針對消耗品、日用品，讓消費者用較便宜的價格，以定期購入取代一般購買的方式，也早已相當普及。

那為何現在訂閱經濟受到萬眾矚目？與過往的模式有何不同？有三個關鍵。

製造商的參與、共享、客製化

第一個是**製造商的參與**。過去，推出訂閱服務的多為零售店與服務業，而現在製造商也開始投入，例如，豐田汽車的汽車訂閱服務（詳見第四章第一節），或麒麟啤酒的啤酒宅配到府服務，讓顧客能以家用啤酒機品嘗工廠直送的新鮮啤酒（詳見第二章第二節）等。

第二個是加入了**共享**的概念。消耗品的定期購買當然是買斷制，但車輛等商品可以重複利用。因此，**訂閱經濟可以滿足顧客從「擁有」轉向「使用」的需求**。

每個人在各個人生階段都有不同的喜好，想使用的商品也會隨之不同。企業 Laxus Technologies 就以每個月六千八百日圓（按：本書提及的價格若無特別標註，代表不含稅）的價格，推出名牌包訂閱服務「Laxus」，得到廣大顧客的熱烈支持（詳見第一章第一節）；也有益智玩具訂閱服務，能配合孩子的每個成長階段，定期寄送或更換不同的玩具給顧客。

第三個是**客製化**。相較於向所有會員提供完全相同的商品，近年的訂閱服務會配合顧客的興趣、嗜好，揀選並提供客製化商品。例如顧客透過服飾訂閱服務，可以先選擇喜歡的服裝、顏色或穿著場合等資訊，之後簽約造型師會配合顧客喜好，挑選三套衣服寄到顧客家中（詳見第一章第七節）。

若將過去就開始推行的定期購入消耗品等方式，稱為「訂閱經濟 1.0」，那麼近來**具有製造商參與、共享非買斷、客製化等特色的新型訂閱服務，或許就能稱為「訂閱經濟 2.0」**。

大企業參戰，是因為有危機感

近來大企業爭相推出訂閱服務，背後原因是產生了危機感。

擔任 KINTO（豐田汽車於二〇一九年二月成立的子公司，主要負責汽車訂閱服務）社長的小寺信也表示：「豐田汽車自始以來的經營策略總是非常保守，但面對不透明的

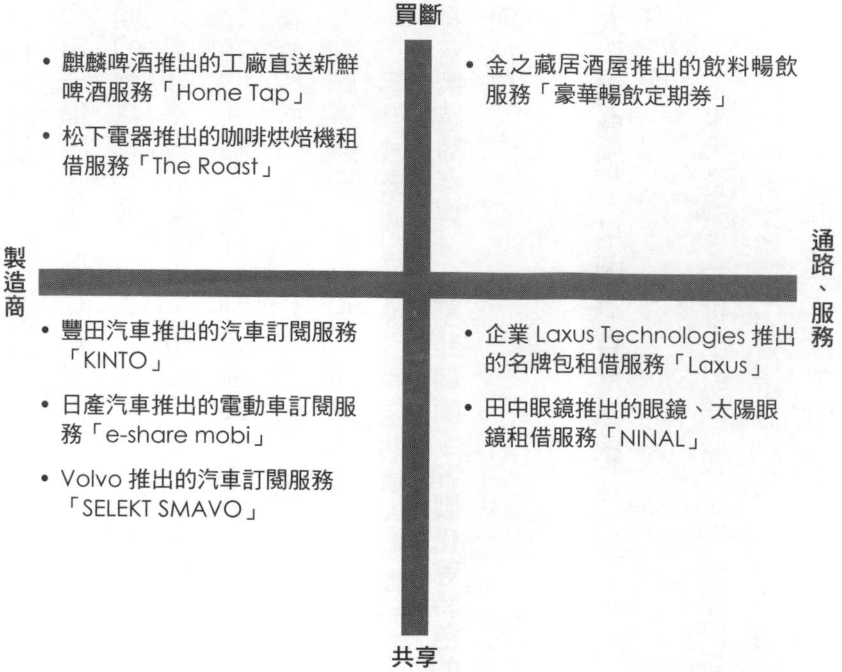
買斷
• 麒麟啤酒推出的工廠直送新鮮啤酒服務「Home Tap」
• 松下電器推出的咖啡烘焙機租借服務「The Roast」
• 金之藏居酒屋推出的飲料暢飲服務「豪華暢飲定期券」
製造商
通路、服務
• 豐田汽車推出的汽車訂閱服務「KINTO」
• 日產汽車推出的電動車訂閱服務「e-share mobi」
• Volvo 推出的汽車訂閱服務「SELEKT SMAVO」
• 企業 Laxus Technologies 推出的名牌包租借服務「Laxus」
• 田中眼鏡推出的眼鏡、太陽眼鏡租借服務「NINAL」
共享

▲圖 0-1　訂閱服務分析圖。這些服務具備製造商的參與、加入共享的概念以及客製化的特徵（關於以上訂閱服務的說明詳見內文）。

未來，我們想搶先一步做出反應。」

面對從擁有車到活用車的顧客變化，豐田汽車必須立即建構全新的商業模式，以配合多元化的汽車利用形式。

松下電器則試著以咖啡烘焙挑戰訂閱經濟，每個月將嚴選咖啡豆送至顧客住家，想讓顧客品嘗以世界第一烘焙技術，煮出來的極致咖啡（詳見第二章第三節）。

除了穩定收益以外的優勢

打進訂閱經濟市場，對企業來說有很多優點。除了帶來穩定的收益外，也能深化與顧客的關係，**並期待顧客購買新商品**。

三光食品集團旗下的居酒屋品牌金之藏，推出月費四千日圓的飲料暢飲訂閱服務（詳見第二章第一節）。金之藏事業單位經理福田啟佑表示：「推出訂閱服務後，雖然導致單項產品毛利變低，但由於顧客出現加點料理的傾向，且顧客來店頻率增加，因此銷售收入增加，整體毛利也隨之增長。」

另一個優點是，**持續與顧客互動能掌握他們使用產品的情況，有助於改善服務**。企業 Laxus Technologies 的名牌包訂閱服務中，最受歡迎的功能是「通知顧客想借出但目前沒貨的包款已回到倉庫」。該企業社長兒玉昇司說：「有較多人希望被通知的包款，表示此包款的需求度更高。活用這項數據，即能提高商品調貨的效率。」

爭奪消費者的競爭正在展開

然而在美國，一部分訂閱經濟市場已開始走到盡頭。二〇一七年上市、提供食材定期配送服務（Meal Kit，提供搭配好的食材與食譜，讓消費者不須煩惱三餐該吃什麼）的企業藍圍裙（Blue Apron），其創業社長已退職，股價也呈現低迷。

為什麼？因為加入此市場的門檻低，對顧客而言轉換成本（按：顧客改變心意，從某家商品或服務的供應商轉向採用另一家供應商時的成本）也很低，因此續訂率並不高。

過去，看見藍圍裙在市場上的成功而投入的公司源源不絕，讓競爭一口氣變得白熱化。居住在美國舊金山，非常熟悉美國新創文化、時尚、藝術、消費趨勢等領域的企業顧問江原理惠表示：

「被視為目標客層的富裕階層，因為使用了影音串流平臺Spotify、Netflix或亞馬遜Prime（Amazon Prime，亞馬遜的付費訂閱服務）等許多服務，所以每個月為訂閱服務支付的費用逐漸增加。**現在整體訂閱經濟市場已成長茁壯，橫跨了多個業界，並在其中出現爭奪消費者的競爭。**」

在日本，青木西服（AOKI）的西裝訂閱服務已經結束營業（詳見第六章第一節）。可見訂閱經濟並非是只要參與就能賺錢的簡單事業。

如同本書介紹，訂閱經濟已擴展到食衣住行等領域，但迄今尚未找到能確實成功的法則。唯一確定的是企業面對訂閱經濟時代，商品的製造與行銷方式都必須改變。

對於訂閱經濟，顧問公司 CustomerPerspective 代表董事綷川謙如此解釋：「在訂閱經濟市場中，只要能獲得新顧客，就能從顧客手上取得持續不斷的收益，因此行銷方式**從過去的『再次賣出』轉變為『保住顧客不讓顧客退出』**。」（詳見第七章）他在二〇一八年創業之前，曾任職於亞馬遜日本約十年，也曾擔任亞馬遜 Prime 的負責人。

共享經濟抬頭，消費趨勢從「擁有」轉變為「使用」。若企業誤判服務設計以及應當提供的價值，就建立不了顧客看得上眼的訂閱服務事業。**提供超出「擁有」的價值，才是成功的關鍵所在**。

「Laxus」的名牌包訂閱服務以月費六千八百日圓的價格，出租超過三萬個名牌包，這個價格優勢讓會員續訂率高達驚人的九五％；企業 Clover Lab 的高級手錶訂閱服務，也透過價格優勢獲得廣大顧客喜愛（詳見第一章第四節）。

然而，價格優勢並不只靠月費或年費決定。日本安永會計師事務所（EY Japan）合夥人小林暢子，擁有豐富消費財與嗜好品品牌的顧問經驗，她指出：「**（顧客消費的）總費用必須比以往的購買方式來得划算。不只是指金錢上的價值，服務的置物空間等也應該當成價值的一環**。」

此外，日本時尚集團 Stripe International 推出服飾訂閱服務「MECHAKARI」後，了解到比起價格優勢，讓顧客輕鬆挑選適合本身職業的服裝，這個便利性優勢更能帶來效益，因此以提供便利服務為目標，吸引了許多新顧客（詳見第一章第二節）；由日本連鎖眼鏡品牌田中眼鏡推出，可以自由選擇鏡框的眼鏡訂閱服務也同樣重視這點（詳見第一章第五節）。

顧客至上主義，他們這樣落實

雖然每項訂閱服務都從不同的優勢開發，但有一個共通點，那就是**以滿足顧客需求為目標**，不斷改善服務內容。

對此，推出食品宅配訂閱服務的企業 Oisix Ra 大地，其執行董事兼行銷科技長（Chief Marketing Technologist，簡稱 CMT）西井敏恭表示：「訂閱服務與其他電子商務最大的不同在於大數據。因為擁有穩定的接觸點，（與傳統商業模式相比）在顧客數據的質與量上能有壓倒性的競爭優勢。」他同時指出，只要觀察數據，就能使訂閱服務持續掌握顧客需求，藉此提高顧客的續訂率（詳見第二章專家訪談一）。

顧客至上主義，是建立訂閱經濟並獲得顧客青睞最重要的關鍵。本書將訂閱經濟分成衣、食、住、行、樂五個領域，透過分析日本企業的實際案例，探討訂閱經濟的成功法則。

（本書為日本數位媒體《日經xTREND》於二〇一八年九月至二〇一九年四月刊載的訂閱經濟相關報導，經統整、修改後重新編輯而成。職銜等原則上為採訪當時的資訊，二〇一九年五月二十二日之前，有所改變的公司名稱或服務內容等一部分資訊已經修改。）

第一章

花小錢共享名牌，衣的經濟這樣創造

從名牌包、西裝到手錶等，都已出現訂閱服務。名牌包訂閱服務「Laxus」，讓顧客想還再還，還會對奧客祭出停權處置；高級手錶訂閱服務「KARITOKE」，在顧客未租借期間不會收費。由此可知，在競爭對手沒注意到的細節之處用心，才是成功的關鍵。

1 不設歸還日期，讓顧客想還再還

企業 Laxus Technologies 的訂閱服務「Laxus」，可讓顧客以月費六千八百日圓的價格隨意租借名牌包，平均續訂率高達九五％。此服務因珍惜每位顧客，所以遇到奧客時，祭出強制停權的處置也在所不惜。這個特別的做法獲得顧客的廣大支持，顧客終身價值（Lifetime Value，簡稱 LTV）至今仍在成長。

此服務的會員平均續訂率達九五％，註冊超過九個月以上的會員，平均續訂率更高達九八％。顧客終身價值至今仍然無法計算，這是因為二〇一五年二月服務開始時註冊的會員中，現今有一半以上仍然持續使用，所以顧客終身價值現在還在增長當中——開出如此亮眼成績的，是企業 Laxus Technologies 推出的名牌包訂閱服務「Laxus」。

五十三個牌子、三萬個名牌包供顧客挑

此服務提供愛馬仕、LV、Prada、Gucci、巴黎世家等五十三家名牌，共超過三萬個名牌包，讓顧客以月費六千八百日圓的價格隨意租用。會員可用App選擇想借的包款，只要持有會員資格，**送到家中的包款即不用退還**能持續借用。如果想換其他商品，用App辦理退還手續，再預約挑選其他包款即可，**來回免運費**。目前付費會員約有一萬八千人。

包款的租借服務本身並不稀奇，不過**可以隨意借用**這點成為博得廣大人氣的關鍵。社長兒玉昇司說：「一般租借都必須背負歸還義務，但人們討厭『還回去』的行為。」他接著分析：「例如DVD出租，據說收益的一半幾乎都是滯納金。這是因為有許多人不喜歡歸還東西，將歸還時間不斷往後延，結果連要還這件事也忘了。」

他過去曾經營電子商務網站，在過程中他發現了一件事：「消費者從進入網站到購買所花費的時間大約為五分鐘，這個過程中有九五%的瀏覽者會不斷進出網站，到其他網站比價。」簡單來說，就是消費者都不想吃虧，所以才與其他網站徹底比較。他將其稱為「時間浪費在選擇的痛苦上」。

因此，該企業的目標正是取消有時間限制的歸還義務，從選擇的痛苦中解放。為了

▲圖 1-1　名牌包訂閱服務 Laxus 的官方網站頁面。

實現這點，他們的結論是「**只有訂閱服務做得到**」——消費者可以在想還的時候才還，不必心不甘情不願的歸還；如果不喜歡租來的包款，隨時都可以歸還後再借新的，不須擔心因拿到商品後發現與想像中不一樣，而感到後悔。

款式太多反而難找，用AI克服

談到訂閱經濟，兒玉昇司認為最大的優點是顧客終身價值無限大。對企業來說，持續使用的會員越多，金錢收益就越穩定，因而便於擬訂收支計畫。

他認為，**顧客獲取成本（Cost Per Action，簡稱CPA）或其他成本就算加倍，只要續訂率能成長一個百分點**

就能全部回收。

因此，該企業將顧客的續訂率訂為最重要的關鍵績效指標（Key Performance Indicators，簡稱ＫＰＩ），要達到這項目標最重要的是品項多寡。若沒有足夠的包款吸引顧客，會員自然流失，因此，與其提供像是久久參加一次婚宴才用得到的包款，Laxus更致力於提供適合通勤或上學等，日常生活中可使用的款式。

另外，此服務具有通知已借出的包款回到倉庫的功能，而越多人希望租借的包款，表示它的需求越高。活用這份資料，即可讓商品調貨更有效率。

創造使用者與包款相遇的機會也相當重要。兒玉昇司說：「退訂的會員中，有八三％回答退訂原因為『沒有看到想用的包款』，然而我們的庫存多達三萬個，怎麼可能會挑不到？」其實顧客並非沒有看到想要的，只是**款式太多找不到**而已。為了解決此課題，該企業**活用了ＡＩ（人工智慧）**。

Laxus會定期在App上顯示風景等圖片，詢問使用者的喜好，再讓ＡＩ學習顧客回答的資料與過往的借用紀錄。最後經由分析，ＡＩ會自動選出顧客可能喜愛的包款並優先顯示。兒玉昇司解釋：「即使顧客表示對香奈兒沒有興趣，若ＡＩ從數據判斷其實顧客喜歡，那ＡＩ還是會持續顯示香奈兒的包款，不久後顧客就會真的借走該款。可見ＡＩ還能發掘我們潛在的喜好。」

活用精品店位置資訊，讓包與使用者相遇

為了推薦更符合使用者喜好的商品，該企業活用了消費者拜訪各間精品店的位置資訊。Laxus 擁有關於商店資訊的資料庫，可利用這些數據與從使用者手機取得的位置資訊比對，進一步強化行銷策略。

舉例來說，使用此服務的 App 的人，若前往 Gucci 或 COACH 等精品店，此服務就會以這些來店資訊為基礎，在 App 的首頁更換商品，優先顯示使用者當天前往的商店所販售的商品。以這種方式，**創造了名牌包與使用者相遇的契機**（見下頁圖 1-2）。

除此之外，就連將商品宅配到府的盒子，都經過巧思設計——盒上印有梵谷或莫內等著名畫家的畫，隨著季節更迭，還會換成櫻花等符合四季風情的圖案。為了分析這項做法的效果，此服務另外安排一批顧客收到一般包裝的盒子。從數據得知，收到繪畫風格盒子的顧客續訂率較高。兒玉昇司說：「採用繪畫風格的盒子能當作擺設使用，深受許多顧客喜愛。」

以上這些在細節之處用心的策略，累積起來就能獲得顧客的高滿意度，讓續訂率逐步而確實的升高。

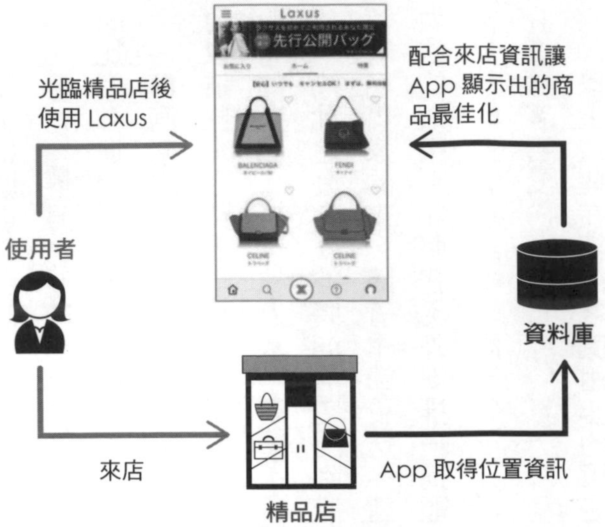
Laxus
先行公開バッグ
光臨精品店後
使用 Laxus
配合來店資訊讓
App 顯示出的商
品最佳化
使用者
資料庫
來店
App 取得位置資訊
精品店

▲圖 1-2　Laxus 透過店家資訊與使用者的位置資訊，在 App 上推薦使用者可能有高度興趣的名牌包。

遇上奧客，馬上停權不來往

Laxus 一方面貫徹顧客服務，另一方面也**對無禮的投訴者、粗暴對待包款的使用者**直接祭出停權處分：企業在寄出包款前會拍照，顧客歸還時還會再拍一次。透過ＡＩ分析照片，若包款上受損或髒汙處很多，即判斷顧客沒有善待包款，會馬上拿出紅牌請顧客退場。

為何會如此嚴格？正是因為重視顧客。其實兒玉昇司一開始將月費金額設定為兩萬九千八百日圓，這其中**包含了應對客訴及名牌包的修補費用**。但他從過去的事業經驗得知，惡劣的顧客只不過占整體的一%左右。他表示：「為了這一%的人，讓其他九九%的優良顧客吃虧並非良策。」

因此此服務**將失禮、惡劣的奧客區分開來，直接放棄他們**，如此一來員工無須浪費時間處理奧客，可以改善勞動環境，同時也不必增加成本處理不合理的客訴，能以更便宜的價格提供服務。

順帶一提，收到停權通知的顧客有九成都選擇道歉，並申請繼續使用服務，而曾經道過歉的顧客則搖身一變成為優良顧客。正因為該企業對此做法充滿自信，才得以創造出只留下優良顧客的環境。

2 解決多數人最痛苦的穿搭難題

日本時尚集團 Stripe International 的服飾訂閱服務「MECHAKARI」，在服務開始三年後終於轉虧為盈。讓我們從這家企業迂迴曲折的經歷之中，學習獲利的關鍵。

「在不計算廣告宣傳費成本的情況下，『MECHAKARI』二〇一八年度的收益終於轉虧為盈。」此服務的事業部部長澤田昌紀如此表示。

訂閱經濟的優點在於會員增加的同時，企業也能得到更穩定的金錢收益。例如，即使此服務平臺從明天起就完全停止所有廣告宣傳，但只要會員沒有退訂，仍能期待穩定的營收。

顧客期待的是能快速挑選的服務

二〇一五年九月，由製造商親自經營的服飾出借平臺「MECHAKARI」開始提供服務。消費者能以月費五千八百日圓的價格，租借最多三件來自營運企業旗下品牌的最新服飾。透過手機App，就可從約一萬件商品中租借喜愛的服裝。只要歸還借出的服裝，還可以再借新的。

另外，目前還提供月費七千八百日圓、最多可借四件服飾的「標準方案」，以及月費九千八百日圓、最多可借五件服飾的「高級方案」。

此服務在二〇一七年，以任用偶像團體櫸坂46演出電視廣告為契機，大幅更新了服務定位。雖然在廣告播出當下成效不佳，但隨著「訂閱經濟」這個詞逐漸普及，此服務變得越來越知名。澤田昌紀說：「說到服飾訂閱服務，許多人馬上想到我們。」

後來此服務的付費會員數來到一萬兩千人。在不計算廣告宣傳費成本的情況下，二〇一八年度的收益終於轉虧為盈。

營運企業起初認為，顧客想要的是能隨意穿上各種時裝的樂趣，因此設計出只要五千八百日圓，就能隨意借大衣、外套等各種服飾的服務。然而經過問卷調查後發現，有更多人期待的不是款式多，而是快速挑選、不再有選擇壓力的服務。

▲圖 1-3　服飾租借平臺「MECHAKARI」的官方網站頁面。

▲圖 1-4　顧客透過 MECHAKARI 的手機 App，可以租借喜歡的服裝。

例如派遣員工便是其中一例。工作型態為派遣的上班族，每隔一定時間就必須變換職場，此時就必須購買符合職場需求的服裝。

澤田昌紀說：「據說這些派遣員工每次換工作，都要花費約三萬日圓買衣服。」換工作後舊職場的衣服也很少再拿出來穿，只能堆在衣櫃裡面。雖然可透過網拍脫手，但出貨等寄送手續也很麻煩。

為了減輕這類負擔而使用該服務的會員比想像中多，澤田昌紀表示借出的服裝中，最熱門的是商務休閒風格。這些現象都是在推出服務後，才從數據上得知。

藉由AI穿搭建議省下時間

使用者想借新衣服時，必須先將已租借的服裝全部歸還。澤田昌紀說：「**在歸還後的這個瞬間，顧客最有可能退訂。**」因為只要顧客找不到下一件想借的服裝，就會直接退訂，但在MECHAKARI，隨時都能借到超過一萬件的商品，難以想像會有找不到想借的服裝這種情況。

那麼最有可能的原因，就是由於商品數量太過龐大，會員反而難以尋找。因此此服務加強了行銷策略，在使用者歸還衣服時，會根據使用者數據推薦符合喜好的服裝。

二〇一八年十月，此服務引進了數據管理平臺（Data Management Platform，簡稱DMP）。該服務會在App上放上各種穿搭照片，並為每種服飾穿搭加上「媽媽穿搭」、「商務休閒」、「女子聚會穿搭」等後設資料（metadata，描述其他資料其資訊的資料），藉由使用者的瀏覽資訊分析喜好。再以此數據為基礎，提供配合使用者喜好的方案。

具體策略之一是「個人化穿搭AI聊天機器人」（見下頁圖1-5），它能配合使用者的愛好，量身訂做一套穿搭。

使用者只要從「從常見類別中推薦」、「穿搭一次包辦」、「搭配租借中的商品」、「熱門商品」四個方案中選擇，AI便會將選擇的方案與數據管理平臺的數據比對，從約一萬件商品中找出符合使用者愛好的服裝，再透過聊天形式推薦給使用者。使用者也可以整套租借，省下挑選服裝的步驟，大幅節省時間。

另外，此服務從二〇一九年開始活用推播通知，加強個人化推薦的功能。當商品可供租借的瞬間，App會發出推播通知推薦可借的商品，並透過聊天劇本告知顧客（見下頁圖1-6）。提升這套個人化推薦系統的準確度，也能強化這個服務的顧客活躍度（Customer Active Index）。澤田昌紀說：「會員只要使用超過三個月，其續訂率相較更高，因此前三個月是能否留住顧客的關鍵。」

不過，當借換衣服的頻率逐步增加，運費成本也隨之提高，造成收益減少。如何維

▲圖 1-5　MECHAKARI 的「個人化穿搭 AI 聊天機器人功能」畫面。

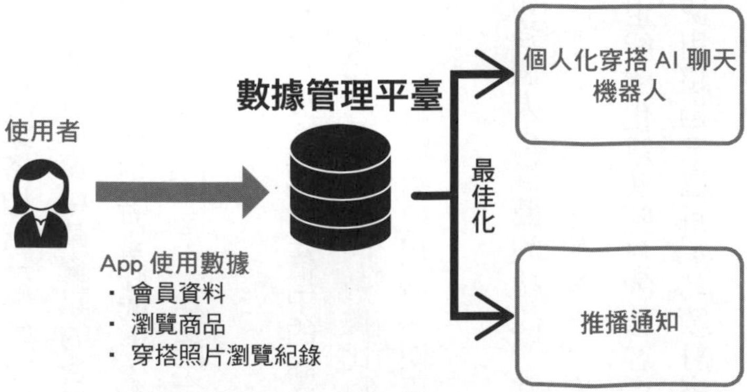

▲圖 1-6　MECHAKARI 將數據儲存在數據管理平臺中讓數據最佳化，再以此為基礎活用 AI 聊天機器人或推播通知，推薦商品給顧客。

持這個平衡，似乎是此服務接下來要面對的課題。

為了讓這種新的訂閱消費型態為社會所接受，MECHAKARI 至少花了三年時間，此服務以服飾為核心並活用科技發展事業，可說是「第四世代技術型服飾產業」。

3 西裝訂閱服務，精準客製打敗同業

服飾企業瑞納（Renown，因受新冠肺炎疫情影響，於二〇二〇年五月十五日申請破產保護，該企業的訂閱服務於同一年七月底開始停止營運，此文為二〇一九年撰寫）挑戰了西裝訂閱服務。而先一步推出西裝訂閱服務的青木西服卻在經營半年後便停運，可知訂閱經濟的難度之高，活下來的瑞納的服務設計思維與青木西服哪裡不一樣？

瑞納從二〇一九年起，在西裝訂閱服務「KIRUDAKE」中，增加了配合清涼商務運動（按：日本環境省從二〇〇五年夏天開始，為了促使企業調高空調溫度以減少能源耗損，推行的輕裝運動）所推出的新方案。

若顧客選擇「基本方案／清涼商務」，可在春夏季借五條西裝褲、秋冬季借兩件西裝外套；選擇「進階方案／清涼商務」，可在春夏季借一件西裝外套與五條西裝褲、秋冬季借三件西裝外套。

服務從二〇一八年七月上線。瑞納剛開始推出訂閱服務時，市場上已有青木西服推出類似服務，因此普遍被認為只是跟風的後繼者。

但同樣都是西裝訂閱服務，兩者設計卻大相逕庭。了解以下三點差異，就能知道瑞納為何能挑戰，連青木西服都無法持續營運的訂閱服務（詳見第六章第一節）。

雖然是租的，卻提供全新商品

首先最大的差異就是**商品本身**。瑞納會配合每個使用者的體型，提供適合的全新西裝，可說是半訂製式的服務。西裝共有黑、深藍、灰三種顏色，顧客還可選細條紋或陰影條紋等各種花色。西裝尺寸有既定的十六種體型，褲管長度也能修改。若顧客透過網路申請，可在申請時填寫自己的尺寸。

另外，消費者還可親自到東京有明的瑞納總公司展示間試穿與測量尺寸，東京丸之內的直營店也開始接受尺寸測量的申請。

此外，在設計上，只要腰圍落在該西裝褲前後六公分內，都可以用調節帶調整。企劃商品部經理東村昌泰說：「西裝訂閱服務中，西裝不合身恐怕是主要的退訂理由。」

▲圖 1-7　瑞納推出的西裝訂閱服務「KIRUDAKE」，其官方網站頁面。

▲圖 1-8　在「KIRUDAKE」的官方網站頁面上，顧客可選擇清涼商務方案。

因此瑞納一開始就做好能應對些微尺寸不同的設計。

另外，**瑞納提供的西裝都是全新的**，而非別人穿過的二手衣。因為在服務開發前對消費者所做的問卷調查中發現，有六成的人都認為，不想穿別人穿過的衣服。東村昌泰說：「許多男性對於與他人分享褲子等直接接觸到肌膚的衣服，感到相當不舒服。」

顧客在當季過後可將西裝歸還，瑞納會將歸還的西裝仔細清洗後入櫃保管，而顧客可於隔年同季再次拿出來穿。使用期限為兩年，期限後會將西裝換新。若會員解約，**保存狀態良好的西裝會當成二手衣販售**。

客群與同公司的其他事業體不重疊

第二個不同是**西裝的替換週期**。相較於青木西服的每個月一次，瑞納則是分成春夏與秋冬，每半年換一次西裝。

決定這種替換週期的關鍵在於預設的客群。因公司內部曾指出「可能與既存的同公司其他品牌彼此搶奪顧客」的問題，因此對客群的定位，曾澈底的激烈討論。

所以，當務之急就是分析既存同類事業的客群。瑞納的 D'URBAN 品牌多將西裝價位設定在超過十萬日圓，金額相較之下高昂。東村昌泰說：「購買十萬日圓以上西裝的客群，也不過占西裝擁有者的一小部分而已。」此外，會買這類高額西裝的人對時尚亦有一定要求，這類人對訂閱服務提供的普通西裝，想必也不感興趣。

所以瑞納的訂閱服務將客群精準設定在，「只是工作上特定場合穿，所以不想花大錢買西裝」、「西裝很占衣櫃空間」、「挑選西裝很麻煩」等，有以上煩惱的顧客。瑞納幫助他們挑選西裝並進行保管與清洗，替他們省下各種繁瑣手續，為的就是**向顧客提供無須親自管理的全方位價值**。東村昌泰說：「這個客群沒有每個月必須換穿西裝的需求，每半年有兩、三套就很夠穿了。」

為了配合這個客群，瑞納採用半年一次的替換週期。結果，相較於每個月更換一次西裝的青木西服，不論寄送還是清洗的成本都大幅降低。若顧客想解約但很喜歡已租借的西裝，也可用一萬五千日圓的價格購入；加購方案中提供的襯衫，也同樣能以兩千日圓買下。

回應顧客意見，價格降到半價以下

最後的差異是**價格**。瑞納最便宜的方案為月費四千八百日圓，提供春夏與秋冬兩季各兩件西裝外套，總共四件；青木西服的月費則為七千八百日圓。東村昌泰回想：「價格設定是當初最費心力的事。」

當初原本設定月租費為一萬日圓以上，但根據消費者問卷調查顯示，多數人都希望在一萬日圓以下。東村昌泰認為優秀的性價比是絕對必要的，因此乾脆將金額調降。他說：「雖然因此沒辦法立刻取得金錢收益，但長期來看可讓顧客續訂服務，最後收益也隨之上升。」

下班後透過聊天功能及時回應

話雖如此，但西裝訂閱服務尚未普及，雖然有不少人對此頗有興趣，但要成為會員還是會感到猶豫不決。

另外，即便瑞納提供了電話與郵件等聯絡方式讓顧客洽詢，但在白天的上班時間，多數客群也在上班。

因此自二〇一九年二月起，瑞納啟動了晚上七點至十一點的夜間限定洽詢服務（見左頁圖1-9），顧客對於西裝訂閱服務的疑惑，都能請客服透過訊息即時回應。這也是基於顧客至上主義所做出的應對策略。

「服務剛上軌道，還沒真的成型，但我們想聆聽顧客的聲音，在反覆探索中成為深

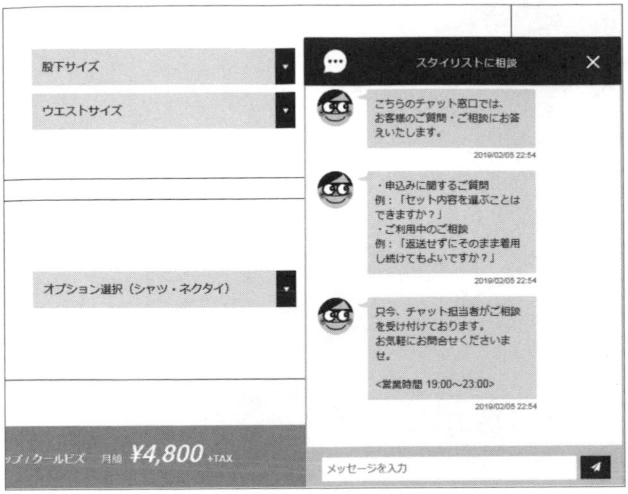

▲圖 1-9　瑞納企業為了配合上班族生活作息，2019 年 2 月開始提供夜間限定洽詢服務。

受大家青睞的訂閱服務。」瑞納視服務剛上線的三年內為投資期，日後將持續推廣這種嶄新的消費型態。

4 想戴才付費，搶奪高檔手錶市場

由遊戲開發商 Clover Lab 設計的手錶訂閱服務「KARITOKE」，其中可借最貴兩百萬日圓手錶的高額方案，竟讓顧客蜂擁而至。該企業為了調度高額商品，也開始了 C2C（consumer-to-consumer，個人對個人的交易形式）服務。

手錶訂閱服務「KARITOKE」是由一家遊戲的開發與營運企業所推行，此服務提供了四種方案：

月費三千九百八十日圓的「休閒方案」（casual plan）以學生為主要客群，顧客可藉此租借六萬日圓左右的手錶；月費六千八百日圓的「標準方案」（standard plan），可借二十萬日圓的手錶；月費九千八百日圓的「豪華方案」（premium plan），可借五十萬日圓手錶；月費一萬九千八百日圓的「高級方案」（executive plan），可借價格最高達兩百萬日圓的手錶。

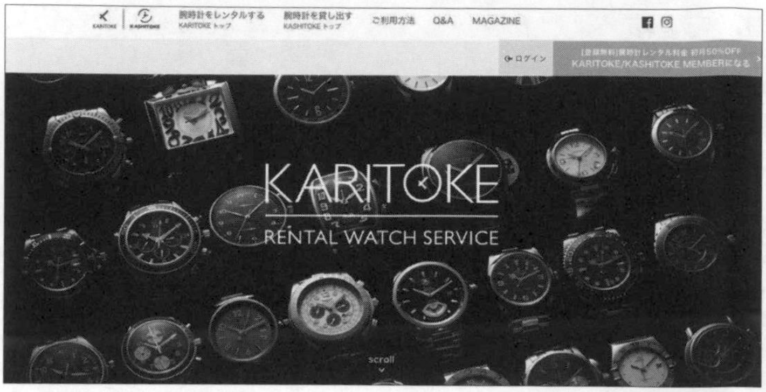

▲圖 1-10　Clover Lab 的手錶訂閱服務「KARITOKE」的官方網站頁面。

不論透過任何方案，顧客都能在每個月借一支喜歡的手錶。若想換其他手錶時，就要在下一次結帳前五日預約想戴的手錶。預約後歸還當下借的手錶，即可在結帳完成後收到新的手錶。

管理與價格設定都很方便

此手錶訂閱服務的營運公司，其本行是遊戲的開發與營運。該企業在討論新事業開發時，注意到訂閱經濟市場，並思考若想參與競爭，應該提供什麼商品？

當時市場上已有名牌包訂閱服務（詳見第一章第一節）；另一方面，若選擇「西裝」作為商品，則需要大片場地管理商品。

用消去法選擇之下，最後得出「手錶」這個答案——不需要大場地、管理方便，而且市場價格明確，便於設定價位。此外，即使手錶曾出租給顧客，也很容易二手賣出換取現金。

除此之外，手錶的市場規模頗為龐大。雖然一般人認為，智慧型手機普及後就很少有人戴手錶，但事實上手錶市場並沒有縮水。根據日本鐘錶協會統計，二〇一七年手錶市場銷售額約為八千零四億日圓，比前一年度增加一%。該企業常務董事經營企劃室長小川紀曉認為：「八千億日圓市場中只要有一%轉為租借，那就是極大的商機了。」

該服務的各項方案都是預估平均借出時間，並結合手錶的市場價格，推算可以回收的金額後才制定費用。

其實企劃當初並未設計最便宜與最貴的方案，但即使是一開始計畫裡月費最高的九千八百日圓方案，也難以納入勞力士等最負盛名的人氣商品，因此最後加上了一萬九千八百日圓的高級方案，以及以學生為主要客群的三千九百八十日圓的休閒方案。

訂閱服務卻不須每個月付費

有使用才付費的形式，也是此服務的一大特徵。**顧客只有在借取手錶的期間才需要繳納月費**，若已歸還手錶，只要不再借其他商品就不會產生費用。顧客就算不持續使用也不會吃虧，可以想借的時候再借。

小川紀曉表示：「若顧客明明沒有想借的手錶卻還要付月費，滿意度就會隨之下降。」因此採用這樣的收費形式，可滿足顧客需求，避免會員流失。

試圖改革訂閱服務業並幫助各公司改善收益的企業祖睿日本（Zuora Japan），其社長桑野順一郎也指出：「**有個常見的迷思是，『訂閱服務等於月費制』這點**。」訂閱服務在提供商品時，並不是只要將十萬日圓的物品計畫成讓顧客付三十六個月的月租就好。他說：「**觀察顧客的使用情形，推薦最佳方案並建立長期關係，這種商業模式改革才是訂閱經濟**。」企業想建立與顧客間的長期關係，就需要靈活的付費規畫。

確定了付費方案後，在服務正式上線前一個月的二〇一七年五月開放註冊，得到的結果卻出人意料：最高額方案的註冊人數反而最多，接著註冊人數依次往下遞減。原本預想，使用便宜或次便宜方案的人數應該最多。不過到現今，此服務使用人數比例中，「高級方案」占三四．四％，人數占比最高，接著是「豪華方案」（二八．二％）、「標準方案」（二五．四％）與「休閒方案」（一〇．九％）。

由於推出服務前，商品是依照事前預估的量調貨，因此最高額方案的商品反而不夠用。小川紀曉說：「因此那時我們當機立斷，變更了進貨計畫。」

此服務的會員中，三十至四十歲的人占最多數，約三九％。小川紀曉說：「這個年齡層有許多人原本就喜歡手錶，但結婚後能花在自己身上的錢變少，沒辦法買新手錶，

▲圖 1-11　在 KARITOKE 的官方網站上，可借到最貴 200 萬日圓的手錶。

因此在會員中占了很大的比重。」

立意良好的「排隊功能」為何失敗？

該服務隨機應變建立商品的調貨計畫後，終於能回應顧客的需求。另一方面，此服務也曾開發一個便於顧客使用的功能，卻破壞了顧客的使用體驗。

那就是二〇一八年一月增加的「排隊功能」——當想借的手錶可以租借時，就會通知顧客。功能本身雖然便利，但問題就出在網站上可以看見目前排隊的人數。

小川紀曉說：「排隊的人都集中在熱門手錶上，有時甚至有五十多人排隊等待同一支手錶。」由於公司剛創業，沒能臨時調度數十支高級手錶的資金，**使顧客產生不知何時才能借**

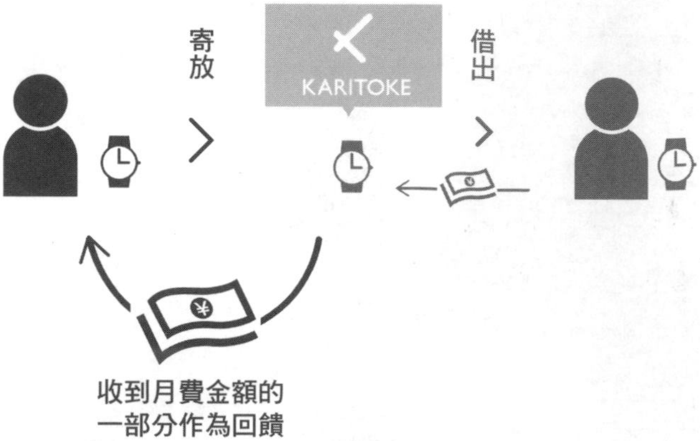

▲圖 1-12　為便於調度商品，從 2018 年開始啟動 C2C 服務。

到手錶的不滿，最後只好廢除了這項功能。

可以借手錶，也可以把手錶拿來借

不過這項功能也便於公司判斷採購哪些商品會更好，也藉此啟動了新的 C2C 服務（見圖 1-12）——顧客可將家中閒置的手錶交給 Clover Lab 保管然後出借，當發生故障或被偷時，企業必須負修理或損害賠償等責任。交給企業保管的手錶被借出後，出借者可獲得月費金額的二五％。

但大部分的人還是會對透過網路出借高級手錶感到抗拒。所以為了帶給顧客安心感，該企業在東京有樂町與大阪難波兩地的丸井百貨設立了常設店，目的為在大眾熟悉的丸井百貨開店，可增加顧客的信任感；此外若有實體店面，也方便鑑定寄放的商品。此服務活用了顧客的閒置資產，期許藉此擴大事業版圖。

營運公司為了提升服務便利性，也計畫要開發手機 App。App 的優點是能活用推播通知，在使用者想借的手錶回到倉庫時，提醒使用者並進一步促銷。

5 眼鏡如何成為可替換的品味？訂閱經濟辦到了

田中眼鏡的訂閱服務，能讓顧客以月費兩千一百日圓、三年契約租借最多三副眼鏡。消費者在購買眼鏡時，因價格高昂，多半會選普通又保守的款式，不過有了訂閱服務，就能隨興試戴各種鏡框，而田中眼鏡期待的是這廣大的潛在市場。

在日本共有一百一十六間門市的連鎖眼鏡行田中眼鏡，在二〇一九年四月一日推出眼鏡、太陽眼鏡的訂閱服務。這是日本國內首次推出的眼鏡訂閱服務。

田中眼鏡於一九一三年創業，是至今營運超過百年的眼鏡老店，在連鎖眼鏡業界中，排在眼鏡市場（MEGANETOP）、JINS、PARIS MIKI（三城集團）、佐芙（Intermestic）、Meganesuper、愛眼眼鏡（愛眼）這六間眼鏡行之後，為業界第七大連鎖眼鏡行（出處：《眼鏡DB〔Database〕二〇一七》，眼鏡光學出版）。

▲圖 1-13　田中眼鏡訂閱服務「NINAL」的官方網站首頁。

契約三年，可以試戴三副

田中眼鏡的訂閱服務，其月費為兩千一百日圓，契約期為三年。顧客透過此服務，可以從多達三百種商品裡，選擇喜歡的眼鏡或太陽眼鏡，契約期間內包含鏡片，最多可以租借三副眼鏡。鏡框全為實際價格三萬日圓左右的新品，且目前持續增加更多新款式，預計在未來，款式會增加至店面販售的所有鏡框的八至九成，也就是多達一千多種鏡框供顧客挑選。

該服務名稱為「NINAL」，有著「成為適合戴眼鏡的你」、「戴上眼鏡成為全新的自己」等涵義（按：「NINAL」的日文「ニナル」有「成為」的意思）。領導NINAL事業的田中眼鏡董事嶋谷謙二，說明了這項訂閱服務的目標與動機：

「本公司的顧客，平均而言會花四萬至五萬日圓購買眼鏡（包含鏡片），並戴四至五年左右。眼鏡絕非便宜的商品，而且會大幅影響臉部給人的印象，因此顧客就算看見一些設計令人心動的鏡框，也很難說買就買，結果最後還是挑選設計普通，或繼續戴與之前的眼鏡款式類似的商品。

「當我們思考該如何才能跨越這種挑選眼鏡的難題，提供機會讓顧客遇見更適合自己的眼鏡，甚至透過新的邂逅讓更多顧客成為『眼鏡粉絲』時，我們注意到，近年來各個業界開始積極導入的訂閱服務模式。若推出可隨時替換眼鏡的訂閱服務，我想就能提供給顧客更多機會，找到適合自己的新眼鏡。」

NINAL 會員中，以四十多歲開始看不到近處的人為例，第一副可以選擇先試用遠近兩用的眼鏡；若電腦文書的工作變多，第二副就可以選擇電腦用眼鏡；如果因為生意往來打高爾夫球的機會變多，或個人興趣為釣魚，那第三副就可以選擇有度數的太陽眼鏡或釣魚用的偏光眼鏡。**訂閱服務可讓顧客隨需求，更換適合的眼鏡**。

培養眼鏡愛好者，另有兒童成長方案

NINAL 使用者能以每個月兩千一百日圓的價格簽訂三年契約，也就是三年總共花

▲圖 1-14　田中眼鏡的待客情景。
照片提供：田中眼鏡。

七萬五千六百日圓租借三副眼鏡，跟光購買一副眼鏡就要四萬至五萬日圓比起來划算不少。若顧客想中途解約，契約第一年要付三萬日圓的解約金；第二年為兩萬日圓；第三年為一萬日圓。若想購入租借的眼鏡，自租借眼鏡起第一年內享九折、第二年八折、第三年七折的優惠價。

田中眼鏡藉由提供試戴各種眼鏡、太陽眼鏡服務給使用者，試圖喚起大眾視情況戴不同眼鏡的需求。若顧客有機會長時間戴眼鏡，就有可能在正式與輕鬆的場合換戴不同類型的眼鏡，或選擇戶外運動用、電腦用等具特別功能的眼鏡。田中眼鏡希望增加持有複數眼鏡，並懂得靈活運用的眼鏡愛好者。

	NINAL	NINAL STEP
服務對象	全年齡	到國中 3 年級 ※ 契約簽訂時為國中入學前
眼鏡類型	數百種（服務開始時為 300 種以上）	
服務內容	鏡片、鏡框可換戴 3 副	鏡片、鏡框可隨意換戴
契約期間	3 年契約	
費用	月費 2,100 日圓	月費 1,800 日圓
服務開始實施時間	2019 年 4 月 1 日	
實施門市	所有門市	

▲圖 1-15　田中眼鏡訂閱服務「NINAL」的付費方案。

此外，該公司還推出以國中三年級以下學生為對象的月費一千八百日圓方案（見圖1-15）。這個方案沒有更換次數的限制，顧客可隨時更換鏡片與鏡框，主要**針對成長期間視力或鏡框尺寸變化快速的兒童，提供適當的鏡片與鏡框**。企業在培養這些從小懂得換眼鏡樂趣的眼鏡粉絲的同時，他們父母也差不多邁入老花眼發生的年紀，而這正是將父母吸引到店內，一同申辦訂閱服務的好機會。

二〇一三年（田中眼鏡開業一百週年），美國寶鹼（P&G）公司出身的狄米安・霍爾（Damian

Hall）就任專務董事，並在二〇一六年擔任社長。他高舉新觀點「日本最能開心挑選眼鏡的眼鏡專賣店」，試著重新建構整個品牌，而這次的訂閱服務也是其中一環。

嶋谷謙二表示，田中眼鏡的特色，就是提供顧客有點雞婆的服務與建議。該企業不僅開發了獨創的 App，可以從臉部輪廓與眼睛形狀等特徵，判定適合使用者的眼鏡；還推出品味診斷工具，使用者藉由此工具，只要回答喜歡的包款或鞋子、早上吃了什麼麵包等五個問題，就能判定諸如現代、優雅、戲劇性等個人品味；以及回答有關工作、生活的選擇題，即可檢測視力矯正必要程度的「視生活諮詢」等，這些各式各樣的數位工具，用來為顧客推薦最適合的鏡框與鏡片。田中眼鏡期待這樣的服務，能增加公司的粉絲與人氣。

6 美甲貼片服務，讓顧客參與設計

> 讓顧客透過手機 App 訂製個人化美甲貼片的訂閱服務，牢牢抓住了沒有時間與金錢享受美甲樂趣的女性。

美甲貼片服務「YourNail」由手機相關服務開發公司 uni'que 營運。這款 App 原本與一般的電子商務平臺相同，顧客能以一組為單位購買美甲貼片。不過二〇一八年九月起，推出月費一千一百八十日圓（含稅，本節同）的定期寄送美甲貼片訂閱服務「YourNail 定期便」。使用者每個月能從超過三萬種設計中，選擇兩種宅配到府。

重視持續性、週期性

該企業的執行長若宮和男表示，在創業當初，就已將訂閱服務納入考量。

他過去曾任職於日本電信公司 NTT docomo，當時的工作經驗使他極力主張，行動電話事業是日本最成功的訂閱服務。例如 NTT docomo 的月費制手機服務「iMode」（按：於一九九九年推出，用戶只要使用服務對應機種的手機，就能收發電子郵件、瀏覽網站，是手機上網服務的先驅），提供了各種功能，深受顧客歡迎。他說：「一般人都只注意到一支手機可做到這麼多功能這點，但其實月費制服務這件事本身，才是真正厲害的發明。」

一次結帳，持續扣款

此訂閱服務成功的祕訣在於**不讓顧客多次結帳**——只要完成一次結帳手續，接下來就是持續性的扣款，而企業收益也隨著增加，並提高了顧客終身價值。

過去若宮和男煩惱的是，要拿出什麼有持續需求的商品才能讓顧客願意持續扣款？苦思到最後的結果就是美甲貼片。美甲貼片是女性時尚中相當熱門的一環，市場早已成熟，而且美甲貼片為消耗品，許多人必須定期更換貼片，因此能期待顧客持續的購買。

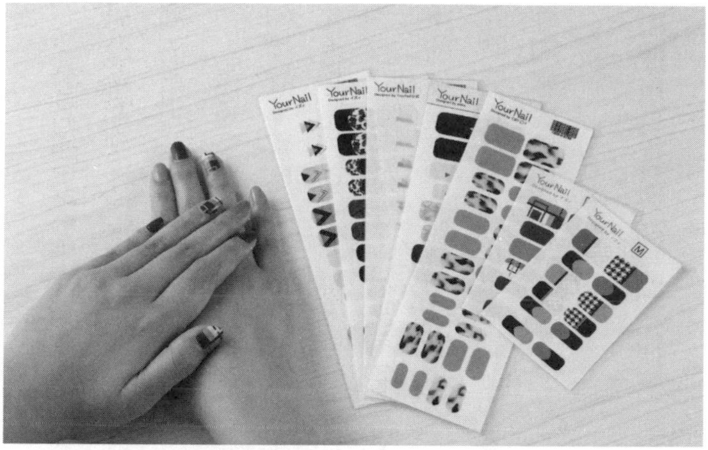

▲圖 1-16　手機 App「YourNail」從 2018 年 9 月起，以月費 1,180 日圓推出宅配美甲貼片到府的訂閱服務「YourNail 定期便」。

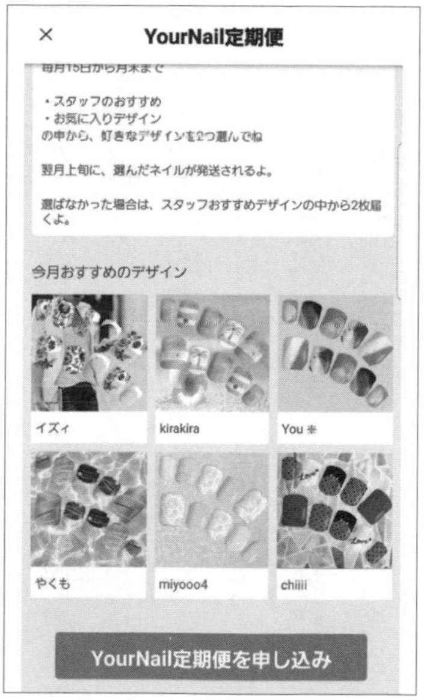

▲圖 1-17　訂閱服務「YourNail 定期便」在 App 上的介紹頁面。

便宜與不花時間的潛在需求

若宮和男表示：「調查結果顯示，目前有足夠的金錢與時間，體驗美甲樂趣的女性只占全部女性之中約三成。」因此，若網購平臺能解決這兩點問題，美甲貼片便具有發展的潛力。

請專業美甲師做一次凝膠指甲，約需要四千至八千日圓不等，如果要加購其他服務如鑽飾，那麼超過一萬日圓也不是什麼稀奇的事；且做美甲的時間長達兩至三小時。因此不想花錢和時間做美甲的女性，沒什麼機會能體驗美甲的樂趣。

但反過來說，只要有**便宜又不花時間**的美甲服務，就具有潛在的巨大商機，為此而生的便是美甲貼片的網購事業。若顧客使用此服務，只要把產品貼在指甲上就好，不必花時間親自到店接受服務，只要首次訂購時自行測量並輸入指甲尺寸，往後就會送來尺寸剛好的美甲貼片。

由使用者參與商品製作

想要提高顧客終身價值，前提是使用者不會中途解約，所以企業必須讓顧客持續感覺到使用此服務的好處。

因此若宮和男想到了**讓使用者自己設計並上傳**，供其他使用者訂購的做法。只要使用者增加越多，企業能提供的貼片款式也就越多，使購物更有樂趣。而這的確奏效了，現在估計每個月使用者參與製作的款式就高達數千種，此做法推出一年後款式總數就超過三萬種。

訂閱服務的價格比在該企業直接買兩組貼片還便宜兩百日圓，這是為了讓使用者在一開始就感到划算，進而更有意願申請訂閱。該公司考量到換美甲貼片的時間平均為兩週，所以先推出一個月兩組的方案。

今後為了提升續訂率，也打算在社群戰略上投入資源。讓使用者能對彼此的設計評分，或舉辦活動邀請使用者，加強使用者之間的連結。若宮和男說：「或許形成社群帶來的效果不會立刻出現，不過長遠來看應該能確實提升續訂率。」期待將來能從服務發掘出大受歡迎的美甲設計師。

7 異業結合，靠合作企劃建立行銷平臺

有許多企業開始朝著訂閱服務邁進，但仍有不少企業對門檻之高感到頭疼。對這些企業來說，與現存的「玩家們」合作也是一個不錯的手段。

寢具製造商愛維福（airweave）在二〇一八年八月十五日，藉由合作，於服飾訂閱平臺「airCloset」上推出床墊租借服務，讓顧客能以一個月兩千四百日圓至三個月六千日圓的金額，租借三萬五千日圓的商品。服務剛上線時，就接到遠超過儲備床墊數的申請，當天就出借了所有庫存。

為何會與服飾訂閱平臺合作？愛維福社長高岡本州說：「我們想跳脫『擁有』寢具的思維，藉由與其他公司合作找到新的市場需求。」他期待的是，若能先讓顧客透過便宜的租借服務體驗商品，或許就能誘導顧客購買甚至換購更高級的床墊。

愛維福的行銷合作對象 airCloset 服飾訂閱平臺，其營運公司讓顧客以月費九千八百

日圓隨意租借服裝。使用者在註冊時，會先填寫喜歡的服裝款式、顏色或穿著情境等資訊，該企業再從十萬件服裝中配合顧客喜好，請簽約造型師挑選三件並宅配到府。租借的衣服沒有使用期限，只要歸還就能再借其他服裝。顧客歸還時可對造型師、商品尺寸、衣物材質等項目評分，這些資訊會幫助企業找到更符合顧客喜好的服裝。

而此平臺有著多數習慣於「使用」而非「擁有」的使用者，非常適合當成市場行銷的跳板，透過讓顧客親身體驗，創造出新商品或品牌與消費者之間的接觸點。

從訂閱服務找到合作新商機

另外還有其他活用此平臺制定行銷策略的例子。女性服飾品牌「CAROLINA GLASER」也是其中之一，這是知名服飾品牌碧慕絲（BEAMS）的網路品牌。

該品牌由日本女歌手 MEG（按：一九八〇年出生，同時也是模特兒與設計師）成立，原本是透過 MEG 擁有數十萬粉絲的社群網站帳號，針對 MEG 自己的粉絲推廣自家商品，不過隨著品牌轉由碧慕絲經營，就從原本的實體店轉換成電子商務網站的全新品牌。

雖然之後仍以 MEG 為中心積極推廣，但隨著 MEG 移居倫敦，便遠離此商業形式。

碧慕絲執行幹部兼創造研究所長南馬越一義說到：「希望此品牌能成為不再依賴 MEG 粉絲的獨立品牌。」為此必須擴大客群範圍。

在摸索新的行銷策略時，南馬越一義找到了服飾訂閱服務。他說：「我們正進入新的階段，找尋與店面零售不同的事業型態。在共享經濟當道時，我認為與服飾訂閱平臺合作，或許就能找到與有著嶄新價值觀的消費者的接觸點。」

因此此品牌在 airCloset 上推行了穿搭診斷的活動，對瀏覽者詢問諸如「下次休假想做什麼？」等五個問題，並介紹採用該品牌商品的推薦穿搭。此外還從診斷受試者裡抽選五十人，舉行試穿的體驗企劃。被選中試穿企劃的報名者，可享有用折價券便宜購買一部分商品的優惠，企業試著以此開拓全新客群。

點閱活動網頁的人中有八成進行了診斷，比原本預估的還多出許多，只是會轉而購買的比例並不理想，留下了不少課題。airCloset 社長天沼聰分析：「顧客試穿後搜尋品牌網站並購買是理想的狀況，然而在此之前卻難以跨過讓顧客註冊會員等門檻。」

此外，airCloset 也與不動產租賃仲介在東京表參道共同經營店面，並活用其店面舉辦了該品牌的試穿活動（見第七十九頁圖 1-19）。顧客在店內可請造型師即時提出穿搭建議並當場試穿，也可以實際借出或購買衣服，該店也首次開設了該品牌的專區。由於此品牌平時只透過網路販售，因此試穿後決定購買的人數比例非常高。

▲圖 1-18　「airCloset」的手機 App 頁面。

訂閱服務是全新的行銷平臺

airCloset 的內部已經開始討論，是否要將這樣的架構當成廣告服務提供給其他業者。愛維福或 CAROLINA GLASER 的活動所帶來的成果遠超預期，對此，天沼聰說：「**消費者即使不購買商品也能以平價進行體驗**，這是行銷上相當重要的關鍵。體驗愛維福床墊這件事本身的價值受到大眾認可，因此我們也開始認為或許可以提供各式各樣的商品讓顧客嘗鮮。」而該企業的訂閱服務正是最合適的平臺。

雖然兩間公司的活動都是單獨的企劃，但從成果可以得知，

▲圖 1-19　airCloset 與不動產業者共同經營的東京表參道店，其中設置了 CAROLINA GLASER 專區供顧客參考。

airCloset 具有成為行銷平臺的潛能。天沼聰表示：「今後不限於服飾，我們也想透過我們的平臺，提供顧客多元的租借體驗。」

第二章

食的經濟，體驗是關鍵，製造大廠也開始加入

居酒屋金之藏的無限暢飲訂閱服務一個月僅收費 4,000 日圓，這樣有賺頭嗎？麒麟啤酒的訂閱服務非常受歡迎，卻停止募集會員超過一年時間。理由是什麼？家電製造商松下電器為何開始做咖啡生意？本章要深入探討在飲食領域中，受到矚目的訂閱服務。

1 飲料喝到飽，顧客反而點更多菜

居酒屋金之藏透過手機 App，推出月費四千日圓的飲料暢飲訂閱服務，試圖脫離咕嘟媽咪（GURUNAVI，日本知名美食介紹網站）等，仰賴美食網站的營運模式。

由三光食品集團經營的居酒屋金之藏，在二〇一九年開始推行訂閱服務「豪華暢飲定期券」——顧客每個月只要花費四千日圓，便可每日在金之藏無限暢飲。

想使用此服務，須下載店家官方 App，並從 App 上購買此暢飲定期券。同一間店面每天可使用一次，若去其他間的話，就算同一天也能使用定期券。

居酒屋金之藏的一般暢飲服務是兩個小時一千八百日圓。相較之下，暢飲定期券若每天都使用，一天的金額僅一百三十日圓，所以越常光顧的顧客越划算。

金之藏的官方 App 從二〇一八年開始上線，App 上還附有均攤計算機與折價券發放等功能，上線後第一年的下載數順利成長到將近三萬次。當推出划算的暢飲定期券後，不到一週下載數就激增了四千次。

只是剛推出此服務時，由於知道的人不多，暢飲定期券的購買數僅一百二十次（二〇一九年四月二十五日時的資訊），因此金之藏在各店面內製作了專屬廣告，店員也會向顧客介紹，積極的推銷。

金之藏的主要客群為二十至三十多歲的社會人士，每位顧客的單筆消費金額為兩千兩百至兩千三百日圓。由於下載 App 並註冊會員，即可在每次用餐時享用免費招待的小菜（原始價格為兩百九十日圓）。因此對這些顧客來說，只要下載 App 就能省下占消費金額一成以上的小菜費用，是令人驚訝的優惠；另外就算是喝不多的顧客，只要買金之藏推出的「首杯飲料定期券」（每個月的費用為兩百九十日圓，見第八十六頁圖 2-3），點杯啤酒（三百九十日圓）就回本了。

顧客追加餐點，利潤反而增加

優惠如此驚人，那店家真的能賺到錢嗎？金之藏事業單位經理福田啟佑說：「推出訂閱服務後，雖然導致單項產品毛利變低，但由於顧客出現**加點料理的傾向**，且顧客來店頻率增加，因此銷售收入增加，整體毛利也隨之增長。」

▲圖 2-1　三光食品集團經營的居酒屋金之藏，以東京都為中心發展，目前共有 55 間直營店。

▲圖 2-2　金之藏的訂閱服務「豪華暢飲定期券」的 App 畫面。顧客想在店內使用時，出示給店員看即可。

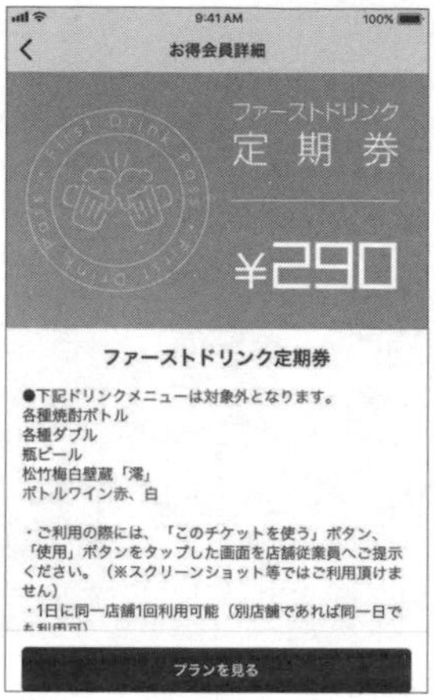

▲圖 2-3　金之藏推出的「首杯飲料定期券」App 畫面。顧客透過此券，每個月付 290 日圓就能享首杯飲料免費的優惠。

金之藏之所以如此加強宣傳App，其中一個原因便是來自美食網站的預約人數減少。他表示：「來自咕嘟媽咪等美食網站的預約人數在近幾年急速減少。與其相信店家張貼在美食網站上的資訊，許多顧客在選擇店家時更傾向參考各個社群平臺上，許多實際用餐的人寫下的感想。」

與許多外食企業相同，金之藏過去有很大程度仰賴從美食網站預約的顧客。但近年由於年輕人遠離酒精，以及美食網站成效不彰等因素，都讓現存店面的營業額比前一年減少了二%至五%。他說：「現在顧客都被便利商店與家庭餐廳搶走，想開拓新客源頗為困難。因此重要的是讓目前的顧客成為死忠的粉絲，增加他們來店的頻率。」為此所需的關鍵，就是推出提供各種優惠服務的 App。

活用低成本的 App

過去為了增加來客數，金之藏許多分店支付給美食網站的廣告費，曾高達每個月四十至五十萬日圓，在分店數最多的時期，這項費用膨脹到每年數億日圓；現在，金之藏利用了幫店家管理顧客的平臺「Insight Core」，其計費方式為根據使用者開啟 App 的次數付費。在此方式下，金之藏所有分店目前支付的金額僅每個月九萬八千日圓，跟美食網站比起來大幅減少。

金之藏還構思了其他的 App 相關企劃。除了增加晚酌套餐定期券，或可以跟朋友一起喝到飽的定期券等其他類型的優惠外，將來還想建立用 App 點餐並結帳的功能。福田啟佑說：「今後想將 App 拓展到其他經營型態，並減少對美食網站的支出。」

讓熟客滿意，並為增加銷售額做出貢獻的暢飲訂閱服務，日後也很有可能被推廣到更多的餐飲店。

2 夠新鮮就敢漲價，麒麟啤酒這樣創造三億商機

麒麟啤酒的「Home Tap」訂閱服務，可讓會員以家用啤酒機享用工廠直送的啤酒，剛推出時便有大量申請蜂擁而至。但此服務在二〇一七年秋天起曾暫停超過一年以上，理由是為了徹底改善啤酒機的設計。

Home Tap的顧客只要每個月付會費，就能租借家用啤酒機，並收到從工廠直送到府的啤酒，因此顧客可在家中品嘗剛釀好的啤酒。服務在剛推出時，就擄獲許多啤酒愛好者的心。

只是這個超人氣商品，推出沒多久就暫停服務超過一年，使許多消費者擔憂是否還會繼續營運。

不過，麒麟啤酒在二〇一九年一月中旬終於重新提供服務。雖然申請者必須抽籤爭

▲圖 2-4　麒麟啤酒的訂閱服務其官方網站頁面。

取會員資格，但麒麟啤酒總算重新開始募集會員。中選者成為新會員後，自二〇一九年四月起可開始體驗新鮮啤酒直送到家的服務。

改善成任誰都能輕鬆用的啤酒機

原來，停止服務的這一年，麒麟啤酒花很多時間改善啤酒機的品質。因為此服務的核心思維是「全新啤酒體驗」（New Beer Experience），若單純跟同量的罐裝啤酒相比，價格整整是罐裝啤酒的兩倍以上，因此**必須提供跟現存商品截然不同的新體驗**，才能讓消費者心動訂閱。而此服務帶給顧客的體驗，就是任何人都能輕鬆在家品嘗到工廠直送的啤酒。

然而，服務開始後，麒麟啤酒才從會員意見中發現，啤酒機的蓋子有不易使用的問題：注嘴蓋子若沒蓋緊，碳酸氣體就會散掉，酒就沒辦法好好倒出。其實如果熟悉使用方式，使用起來不會有什麼問題。不過麒麟啤酒卻將此視為重大缺陷。

負責此行銷案的主管落合直樹說：「公司內部有個稱為『從啤酒槽到玻璃杯』（Tank to Glass）的作業標準——從商品寄送到注入酒杯，每個過程我們都必須盡到責任讓顧客滿意。」若在最後注入酒杯的環節破壞顧客體驗，恐怕會對整體服務造成嚴重影響。他接著說：「如果不先改善，等日後會員越來越多，反而會造成更大問題。所以我們判斷，即使不惜成本也要立即改善。」

後來麒麟啤酒開始澈底翻新整個啤酒機的設計。除了變更注嘴蓋子的形狀，也改善碳酸氣體會散掉的問題（見下頁圖2-5）。落合直樹說：「外觀乍看之下相同，但內部構造大幅改變。」花費了一年，終於重新設計出任誰都能輕鬆使用的啤酒機。

決心調漲價格的理由

一開始公司內部擔心，暫停了一年的服務是否能繼續下去，麒麟啤酒市場行銷本部

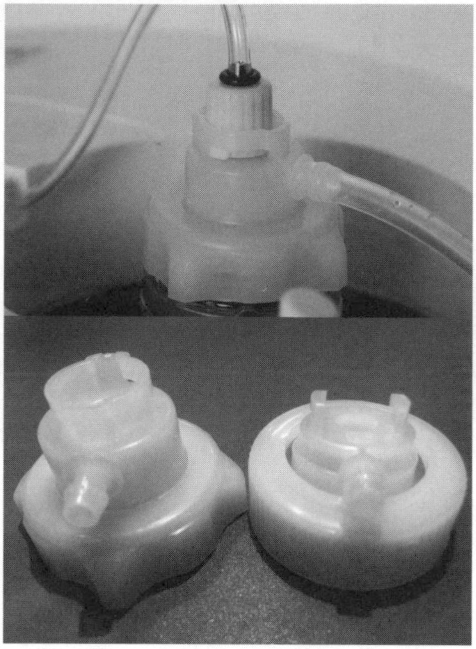

▲圖 2-5　麒麟啤酒在 2018 年重新設計了訂閱服務的啤酒機，修改蓋子的形狀便是其中一點（上方照片）。下方照片左邊是改善後的蓋子，右邊是舊型的蓋子。

行銷部商品開發研究所的松井香菜說：「原本光是啤酒不能好好注入酒杯這個缺點就足以讓顧客解約了，不過在滿意度調查中，竟有超過八成的人，對服務感到相當滿意。」

停止服務前的會員數約一千八百人，之後仍有一千五百人選擇續約，他們對啤酒風味與服務的滿意度非常高。正因如此，麒麟啤酒認為重新審視啤酒機，這個決定非常正確。

不過在重新推出服務時，麒麟啤酒把價格調漲了六百日圓，月費改成七千五百日圓，這是為了應對宅配成本增加與改善啤酒機的費用。落合直樹表示：「雖然收到不少顧客的罵聲，但能否穩定提供優良的服務才是最重要的。」即便如此，當麒麟啤酒向之前訂閱電子報的一萬五千名會員，優先發送重新推出服務的資訊時，當中馬上就有超過兩千人申請，由此可窺見此服務的高人氣。

新進加上原有會員共三千五百人，簡單計算後就是現金流超過三億日圓的事業。從合併營收超過兩兆日圓的麒麟啤酒企業規模來看，或許會讓人覺得才不過區區三億日圓。但只要提高服務續訂率，下年度即可得到穩定的收益。正因如此，**訂閱服務的續訂率才會是重要指標**。麒麟啤酒就是為此停止招收會員一年以上，不惜花時間也要改良啤酒機。

融入顧客生活，促進消費

在使用者中，有人會在休長假時加訂啤酒，將整臺啤酒機抱回老家喝；用啤酒機親自倒酒的體驗，能活化人與人之間的交流；另外有些人也會在每週三時犒賞自己喝啤酒。麒麟啤酒希望將這些各式各樣享用啤酒的方式傳達給大眾，讓訂閱服務融入使用者的生活，提高顧客的續訂率。

3 松下電器挑戰極致咖啡，吸引顧下重本的專家客群

將嚴選咖啡豆宅配到府，以世界第一烘焙技術讓顧客喝到最棒的咖啡——松下電器也開始挑戰訂閱經濟。為何一家電器公司選擇投入咖啡烘焙？

「The Roast」是松下電器社內分公司推出，一項提供一臺十萬日圓的智慧型咖啡烘焙機，與定期配送咖啡豆（生豆）的訂閱服務。消費者簽約後，松下電器每個月都會寄出多袋兩百公克的豆子（兩種豆為月費三千八百日圓，三種豆為月費五千五百日圓）。機器的操作方法如下：顧客透過該服務專用的手機 App 掃描包裝上的 QR Code，然後把生豆放進烘焙機裡，並**點選 App 上的「開始烘焙」**，咖啡烘焙機就會根據放的不同生豆自動運作，讓顧客在自家體驗正統的咖啡烘焙技術。

只依賴硬體產生的危機感

松下電器為何選擇咖啡烘焙這麼小眾的領域，甚至還以訂閱服務這種型態打入市場？企劃事業領導人井伊達哉說：「因為公司內部對只製造硬體設備再販售的方式產生了嚴重危機感。我們想讓烹調家電再進化，提供新的飲食服務。」

目前人們雖然在便利商店能輕易買到咖啡，但想喝到真正好喝的咖啡卻需要專業技術，**外行人根本做不來**。松下電器認為自己作為家電製造商，若能解決這個問題，或許就能**催生出全新的商業價值**。

井伊達哉解釋：「其實咖啡的味道有九成取自於生豆品質與烘焙技術。不論最後多努力沖煮咖啡，若輕忽選豆與烘焙，就喝不到好咖啡。而且咖啡豆一旦烘焙後就會開始氧化，兩週內不喝完就會破壞味道與香氣。」若有一種服務能提高烘焙技術，且持續供應高品質的咖啡豆，或許能抓住新的需求。這對至今為止靠賣家電而成長的松下電器來說，是最想要的客群。

另外，松下電器雖然有經營會員網站，但註冊率很低。所以松下電器決定將訂閱服務與會員網站的註冊結合，這麼做不僅能詳細、正確的掌握使用者資訊，還能改善服務品質。若藉此提高了顧客滿意度，續訂率自然也會上升。

▲圖 2-6　松下電器推出咖啡烘焙的訂閱服務，賣點是在家中重現正統的咖啡烘培技術，而每個月寄給顧客的生豆，是從世界各地嚴選的咖啡豆。

真正的價值在於消費體驗

其實這個專業烘焙機並非由松下電器自己開發，而是與英國新創企業合作，以英國企業的商品為基礎不斷調整。捨棄自前主義（按：任何事都自己包辦）的結果，就是將通常須花費四年的開發時間成功縮短為兩年。此外每個月寄送給顧客的生豆，則是由咖啡相關企業石光商事提供。

硬體設備由其他公司協助開發，咖啡豆的進貨則委任給專門業者。那麼松下電器要賺什麼？其實，這項事業的關鍵就藏在其中。

這項服務真正的主角是烘焙資料（烘焙程序的細節）。松下電器不只是寄送咖啡豆，也將烘焙過程化為數據、建檔並附加在包裝上一起寄給顧客。可以說**透過烘焙技術這項賣點，創造了產品的附加價值**。

松下電器請來唯一一位在咖啡烘焙世界大賽裡得勝的日本人——知名咖啡店豆香洞咖啡的創辦人後藤直紀負責，他根據不同豆種微調溫度、風量並製作成完整資訊，這份資訊讓顧客不論春夏秋冬、在任何地區，都能順利重現世界第一的烘焙技術。

使用者只須用 App 掃描 QR Code，即能輕鬆重現專家經手的複雜烘焙過程。可說松下電器真的高舉了「**全新消費體驗**」這個標語，試圖在市場爭奪戰中拚命一搏。

▲圖 2-7　The Roast 提供的烘焙機只有一顆按鈕，設計極簡，可以進行非常細緻的溫度與風量調整，完整引出生豆的特色。

除了咖啡外，這場勝負還可能帶來全新的視野。資訊提供的價值若受到大眾認可，那麼以此為主軸，還可以搭配其他食材、其他烹調家電，接二連三推出嶄新又具高附加價值的飲食服務。

還有許多困難必須克服

松下電器的訂閱服務推行至今，有獲得成效嗎？井伊達哉苦笑了一下繼續說：「現階段還需要再加油一點才行。」目前服務使用者多為四十歲以上男性，續訂率達八成。

說到底，日常生活中喝咖啡的人很多，但在家烘豆的需求極低。即便是在家享受咖啡滴濾樂趣的愛好者，通常也只會直接到實體店面購買烘焙好的咖啡粉。想讓他們「從咖啡粉轉向咖啡豆」的門檻，比預估來得高出許多。

松下電器提供的咖啡豆一袋兩百公克，沖煮一杯價格大約為一百日圓左右，與便利商店的咖啡差不多，卻能品嘗到世界冠軍烘焙的咖啡，烘焙程度還可選淺焙、中焙與深焙三種。但光是一臺十萬日圓的咖啡烘焙機這個初期投資，就讓許多人反射性的感到昂貴了。

區隔市場，拉攏專家入坑

二〇一八年十二月，松下電器又追加了全新的「專家方案」。這是針對咖啡老手的方案，咖啡烘焙機價格為二十五萬日圓，跟原有的方案（基本方案）相比，整整拉開了十五萬日圓的差距。

兩者到底差在哪？其實烘焙機（硬體設備）與基本方案的相同，最大的不同在於，顧客可以用 App 製作符合自己喜好的烘焙資料，且無須定期購買咖啡豆，可以自由嘗試喜歡的豆子（見左頁圖 2-8）。作為新的試驗，井伊達哉提出這個「**不改硬體設備，只增加附加價值**」的想法，但公司內部的意見頗不看好，許多人對此都異口同聲的說：「你傻啦！這價格誰要買？」

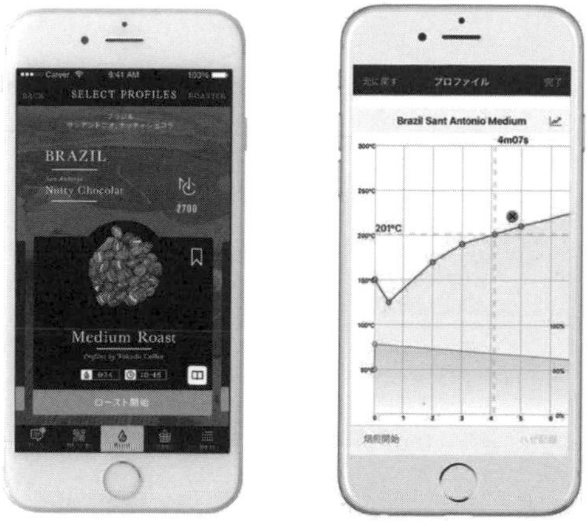

▲圖 2-8　The Roast 的基本方案（左）可選擇後藤直紀的烘焙資料；專家方案（右）則能用專用 App 自行設定溫度、時間、風量等細項，製作自己專屬的烘焙資料。

但結果卻出人意料，銷售成績比預期的好。原因是真正的咖啡專家早已認同這項服務，尤其該烘焙機的性能頗受好評，以咖啡廳的店長為主，專家方案掌握了他們想親自嘗試各式各樣烘焙法的需求。

如同前述，對於了解市價的專家來說，二十五萬日圓是破天荒的便宜價格。且一般業務用烘焙機雖能快速大量烘焙，但不適合只烘少量的豆子。從這點來看，松下電器的烘焙機尺寸**正適合少量試烘生豆**，因此受到了青睞。

符合專業需求的這項服務，卻無法打動一般人的心。松下電器為了跨越這道牆，改成由上至下的戰略方針。他們精選採用專家方案的店家，並邀請顧客前往咖啡廳親身體驗烘焙的奧妙。除此之外更開設社群平臺，集結咖啡大師後藤直紀以及咖啡拉花、咖啡師領域的日本冠軍，讓咖啡專家匯聚一堂，擴大網路與店家的咖啡社群，期待加深顧客對咖啡烘焙的關心。

專家訪談一

重點不是訂閱，不退訂才是關鍵

推出蔬菜定期宅配服務「Oisix」的企業 Oisix Ra 大地，是訂閱服務的先驅。本文為《日經 xTREND》編輯部專訪 Oisix Ra 大地執行董事西井敏恭的對談，他認為，對訂閱服務來說，提供超出購買價值的服務是必須的。重要的是藉由數據了解顧客，使服務更貼近顧客需求。

Q：Oisix 是訂閱服務的先驅，成功的關鍵是？

A：訂閱服務中最重要的是**提供超出顧客預期的價值**，關鍵不是商品的選擇，而是生活的選擇。我們不僅提供快速、讓人吃得安心的蔬菜等商品，更是讓使用者喜歡使用此服務的自己。我們的目標是提供像這樣的價值。

挑戰訂閱服務卻失敗的企業，似乎是沒有思考到這些。只看到「定期販售就能有穩定的金錢收入」這個層面，是無法讓顧客續用的。

▲圖 2-9　Oisix Ra 大地執行董事兼行銷科技長西井敏恭。

例如音樂串流平臺 Spotify 將「發掘你喜歡的音樂」視為價值核心。到了我這個年紀，多半只聽年輕時聽的音樂。而 Spotify 從使用數據中分析興趣、喜好並推薦新的音樂給使用者，因此我才有機會了解最近流行的音樂。他們提供的，其實是超過音樂聽到飽的價值。

Q：訂閱服務與電子商務兩者有什麼相異之處？

A：最大的差別是**大數據**。以音樂來說，光販售物品的電子商務只有顧客購買的當下才能獲取（相關興趣或喜好的）數據；若是聽到飽的串流音樂平臺，就會累積使用者常聽音樂的數據。

且訂閱服務的好處與 App 相同，可以**不斷進行細小的更新**。日本過去多以商品為導向做行銷，這種思維在訂閱服務上無法成功。

訂閱服務的優點是會員數增加後，必然會出現不滿意服務的顧客，最後使續訂率下降。因此有必要針對新的需求做出改善，使服務貼近顧客，提升整體續訂率。為此不只必須累積數據並分析，也要傾聽使用者的感想。

所以，在開發新服務時，我們會多次採訪顧客。先針對一部分顧客提供限定服務，用一年時間以顧客的意見為基礎改善缺點，最後才正式推行。

例如我們提供了由管理營養師推薦，配合新生兒月齡寄送給母親應攝取食材的「新手媽媽套組」這個服務。雖然服務自二〇一三年開始，但在這之前已經以一部分顧客為對象提供服務，並聽從意見不斷改善缺失。當服務水準提升，才能期待規模擴大。

因此我們設立了由社長直屬管理的服務進化室這個部門，主要工作是讓服務更貼近顧客，例如開發新商品、服務內容等，盡可能滿足顧客需求。

Q：貼近顧客的新服務多半怎麼發想？

A：設計服務的重點，在於創造出沒有這個服務就活不下去的狂熱粉絲。接著就可用問卷調查推估在市場上，還有多少人與這種顧客的類型相同，以此設想市場規模，看清服務的成長性。

敝公司另一個食材定期配送服務「KitOisix」，其使用者人數順利攀升到超過九萬人。透過調查我們發現，相較於「快速」需求，許多人更重視「安心、安全的食材」。此服務收到了一部分顧客的高度好評，我們就是想要與這類顧客一起做出更好的商品。

Q：訂閱服務需要重視的指標是什麼？

A：我覺得**顧客終身價值與顧客數**是最重要指標。我們傾注心力提出具體對策，都是為了**降低解約率**。

顧客在加入會員後頭一個月的使用率，會大幅影響之後的續訂意願，因此在剛註冊成為會員的階段，我們會盡量讓顧客早點體驗到「成功」的喜悅。雖然每位顧客對成功的定義皆不同，但例如丈夫說好吃，或孩子願意多吃蔬菜等，來自第三者的稱讚往往最讓人有成就感。這些稱讚能讓顧客實際感受使用訂閱服務帶來的生活變化。

最讓我們感到困擾的顧客，就是把所有蔬菜都拿去做咖哩的主婦。如果宅配的蔬菜裡有紅蘿蔔、馬鈴薯，顧客不知不覺就會想做咖哩，但這樣就不能品嘗到食材本身的新鮮滋味。像紅蘿蔔煮過後再沾鹽吃，光是這樣就能體會到與過去吃過的蔬菜截然不同的美味。因此在寄商品給新會員時，我們會附上生產者的留言，並指導顧客如「菠菜可以灑上橄欖油與鹽直接生吃」等更美味的品嘗方法。

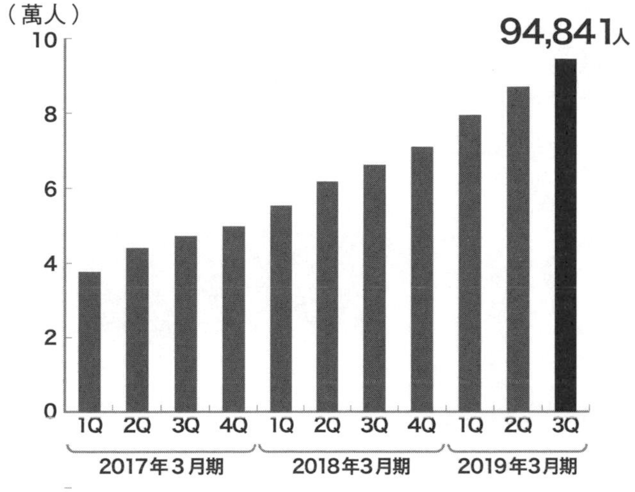
（萬人）
94,841人
10
8
6
4
2
0
1Q
2Q
3Q
4Q
1Q
2Q
3Q
4Q
1Q
2Q
3Q
2017年3月期
2018年3月期
2019年3月期

▲圖 2-10　「KitOisix」使用者超過 9 萬人，是支撐 Oisix Ra 大地的核心事業之一。

長期使用此服務的顧客，或許已經知道最佳的烹飪方法，但**在創造成功體驗前教導顧客使用方式，是提高續訂率非常重要的做法**。

（按：圖 2-10 中，「三月期」指企業的決算期為前一年四月一日至該年的三月三十一日，例如二〇一七年三月期是指決算期為二〇一六年四月一日至二〇一七年三月三十一日。第一季（1Q）是前一年的四至六月；第二季（2Q）是前一年的七至九月；第三季（3Q）是前一年的九至十二月；第四季（4Q）是該年的一至三月。）

第三章

隨時能遷居的新生活體驗，住的經濟正在興起

讓人隨時能遷居、在日本住透透的訂閱服務「ADDress」，收到了大量的訂閱申請；也有企業試著挑戰家具、洗髮精等日常生活用品的訂閱服務。

1 全日本都是我家的共居訂閱服務

「隨時居住在全國各地，同時還能兼顧工作與生活。」今日終於有服務能實現這種生活方式。共居訂閱服務「ADDress」募集各地空屋或休閒別墅並重新裝潢，並以月費四萬日圓的價格提供使用者在全日本住到飽。

讓多人同住一個屋簷下的 Share House（按：共享房屋的生活方式，每個房客有自己的空間，但另外有共同的活動空間），以及共享辦公室環境、進行電腦文書作業與開會的「共用工作空間」（Coworking Space）正在普及，且深受年輕人喜愛。不過 Share House 基本上只綁約在同一據點；而某些共用工作空間方案雖能無限制使用複數個場所，卻沒辦法住在該空間。

「想四處居住在全國各地，同時還能兼顧工作與生活。」、「週末想遠離都市到鄉下住，享受讀書樂趣。」二〇一九年四月開始，某項結合共居與共用工作空間優點的服務終於上線，那就是能在日本全國各契約設施住到飽的共居訂閱服務「ADDress」。

改善空屋問題又活化地方經濟

第一波服務共準備了十三間房屋，顧客可以年費四十八萬日圓（月費四萬日圓）的價格使用服務。由於規定一等親以內免費，所以全家也能一起住。

房屋分布在千葉縣南房總市、千葉縣一宮市、神奈川縣鎌倉市、靜岡縣南伊豆町、群馬縣長野原町、福井縣美濱町、德島縣美馬市、德島縣三好市、鳥取市等地。想在週末離開都市去度假的人是主要客群。

該服務募集了鄉鎮地區的空屋與休閒別墅，以購買或轉租的方式活用房屋並重新裝潢。在壓低房屋成本的同時，也保證使用者擁有個別房間，且提供了共用客廳、廚房、家具、WiFi、負擔電費、生活用品與清掃等各種用具與服務。

除了試用的月費五萬日圓方案外，還有月費八萬日圓的法人會員專屬方案。像聯合利華日本控股公司（Unilever Japan Holdings）、瑞可利住宅公司等五間公司都已加入會員。

營運企業的社長佐別當隆志曾任職於GaiaX品牌推進室，該單位主要工作為支援社

▲圖 3-1　訂閱服務 ADDress，結合共居與共用工作空間的優點。
照片提供：ADDress。

▲圖 3-2　ADDress 從 2019 年 4 月起，在全日本 13 個據點推行了訂閱服務。
照片提供：ADDress。

群媒體並推展共享服務。

他說：「自古以來我們理所當然的覺得家只有一個、住所也只有一個。但網路時代使得人在任何地方都能工作，不被地區綁死的生活方式變得可行，除了自家外也能在各個地區與他人共享房屋，在喜歡的地方過生活。而這些移居者與鄉鎮社群連結後，或許還可以為鄉鎮帶來活力。我想做的就是這樣的平臺。」

日本的年輕世代中，有越來越多人想去城市以外的地方生活。根據日本內閣府二〇一四年的「東京居住者對今後移居的意願調查」顯示，有四〇・七%的人正打算或想要移居到東京之外。十至二十歲族群的比例更高達四六・七%。

另一方面，日本在少子化和高齡化的影響下導致空屋增加，成了嚴重社會議題。據民間智庫機構野村綜合研究所預估，到二〇三三年時，全日本的空屋數將達到兩千一百六十六萬戶，占日本所有住宅的三成。

有不少年輕人對在鄉鎮生活感興趣，這些地區也有不少空屋，不過完全移居要付出的代價太高；另外，鄉鎮幾乎沒有都市常見的獨立套房，單身者難租房。因此，提供多據點居住的共享服務，讓都市與鄉鎮共享人口，或許就能解決空屋問題（見左頁圖3-3）。

這種思維衍伸出「多據點共居服務」。而瑞可利控股公司在二〇一八年末發表的「二〇一九年流行語預測」中，就提到用來形容喜愛都市與鄉下兩種生活的人——「雙重生

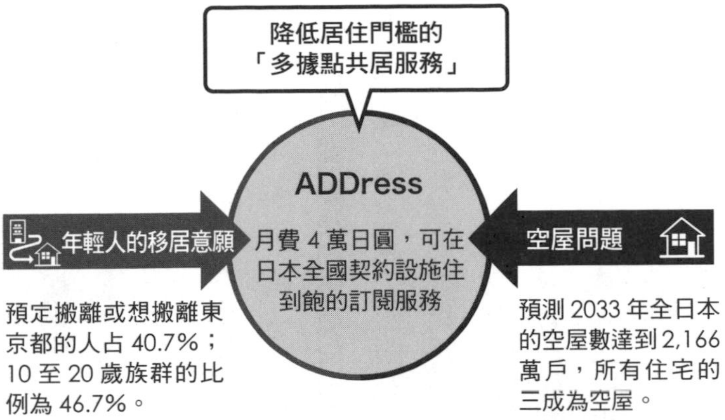
降低居住門檻的
「多據點共居服務」
ADDress
月費 4 萬日圓，可在日本全國契約設施住到飽的訂閱服務
年輕人的移居意願
預定搬離或想搬離東京都的人占 40.7%；10 至 20 歲族群的比例為 46.7%。
空屋問題
預測 2033 年全日本的空屋數達到 2,166 萬戶，所有住宅的三成為空屋。

▲圖 3-3　為了解決年輕人的移居意願與空屋問題，ADDress 誕生了。

活風格」（dualer）一詞。

超過千人報名與洽詢

該服務在二〇一八年十二月二十日開始受理訂閱申請，名額為三十名，沒想到一開始就有超過一千一百人報名或前來洽詢，據說二十至三十歲族群占超過七〇%。由於迴響熱烈，原本預定只開放五個據點，之後立即新增為十三個據點。並與購買且裝潢空屋再販售的舊房改造公司、不動產企業一同合作。

此外該服務也與鄉鎮政府聯手，第一個合作對象便是滋賀縣大津市政府。此合作不僅活化了房舍或企業休閒住宿設施，也增加了並非定居也非觀光的人口。

佐別當隆志如此勾勒未來藍圖：「我們的

服務名稱ADDress，有著ADD（增加）住所的涵義。對鄉鎮居民來說，經常來訪的熟客也令人比較安心，希望還能舉辦活動以提高城鎮的觀光價值。我們的目標是二〇三〇年會員一百萬人，據點數二十萬間房屋、一百萬間房間。」雖然夢想浩大，但他接著說：「這也不過是日本未來所有兩千萬戶空屋中的一％而已。」

生意大好，很快便出現競爭對手

此訂閱服務的股東目前有親自在三個據點居住的ＩＴ記者佐佐木俊尚、經營群眾募資平臺「CAMPFIRE」的家入一真、Satoyama推進聯盟負責人末松彌奈子等人，可說聚集了對共享與鄉鎮再興有創見的有志人士，能為服務提供許多建議。

看準這股風潮，其他的多據點住到飽服務也開始蠢蠢欲動。二〇一九年，長崎市有新創企業推出在世界各地住到飽的訂閱服務，並透過群眾募資平臺接受了約四百人、超過一千萬日圓的募款，目前也與民宿經營公司等企業攜手增加據點。

2 買不如租的家具訂閱，解決搬家的煩惱

家具研發、銷售公司 subsclife（舊稱 KAMARQ）自二〇一八年起，推出了家具訂閱服務。

家具公司 subsclife 曾在二〇一八年五月推出自家生產家具的訂閱服務，但因消費者對「家具租借」的認知度極低，因此該公司開始擴充商品種類，不只提供自家商品，也讓顧客能租借其他公司的家具。

如此一來大幅新增了該公司沒有生產的床具、沙發等大型家具，從原來約三十種，一口氣增加到超過兩百種商品。

該服務中，每件商品的月費金額都不同，租借期間最短三個月，最長二十四個月，時間越短月費就越高。

服務一開始，就將價格設定成家具原零售價的八成。使用者在租借期後，**若對家具**

▲圖 3-4　subsclife 的官方網站頁面。

感到膩了，就可立即更換（按：顧客租借的家具皆為全新商品）。

可選擇繼續使用、交換或買下

便宜的家具如一張椅子，其月費約為七百日圓以下（含稅）；真皮沙發等高價商品的月費則超過一萬日圓。此企業希望藉由多元化的商品，應對不同使用者的生活風格。而服務一開始，餐椅需求量最高。

「配合不同生活階段的變化，能隨機應變改用各種家具的服務，對消費者來說應該具有吸引力。」該企業代表董事町野健如此表示。

在服務中，租借之外顧客還能選擇交換、買下等其他方案，讓**商品本身具有「使用」與「擁有」兩種途徑**，使顧客更容易入手家具。

▲圖 3-5　透過 subsclife 的訂閱服務，消費者能以月費不到 700 日圓的金額租借一張椅子。

例如讓租借來的家具其結束租借的日期，**跟出租公寓的合約期限同一天，就可以在搬家時視新房子的大小更換適當的家具**。如果喜歡借來的家具，只要補上零售價的差額，就可以將家具買回家。此服務提供了各種使用的可能性。

而且訂閱服務也能挖掘出新的需求。例如，雖然在開發時預設的主要客群為一般家庭，但推出後才發現，**租借辦公室家具的需求比想像中來得多**。公司遷址或創業時，若想一口氣湊齊所有家具，初期費用可能會高得嚇人。町野健說：「若利用本公司的家具訂閱服務，費用就能壓低。」不論大企業還是中小企業，都成了家具訂閱的服務對象。

3 從破產邊緣復活的洗髮精訂閱經濟

新創企業 Sparty 在二〇一八年十月，因洗髮精訂閱服務的委任製造商偽造製造業許可執照而被東京都檢舉，只好暫停服務。後來之所以能從破產邊緣復活，是因為原顧客的熱烈支持。

企業 Sparty 自二〇一八年起，推出月費六千八百日圓的客製化洗髮精訂閱服務「MEDULLA」，此服務能配合顧客的頭皮狀態與髮質，調配出客製化的洗髮精並寄送到府，配方超過一百種。

這種請工廠分別製造再寄送的服務，具有極高的實現難度。營運企業原先委託了許多間製造商但全都遭到拒絕，最後找到的配合業者卻因偽造執照被檢舉。該企業之後究竟如何起死回生？

七個問題做出客製化處方

顧客若想使用此服務，在註冊會員時要先回答頭髮長度、頭皮狀態、頭髮粗細，以及希望髮質變得「光澤」或「滑順」等共七個問題，最後得出最適合當事人的配方，簡單來講，就是用像爬梯子的梳理方式決定最適合每個人的洗髮精。每罐洗髮精都在界面活性劑、油量、香味與顏色上做出調整，配合客製化的需求。

雖然該企業原本針對頭髮選出約三十個相關因素，但為了避免問題太多造成註冊手續繁瑣，嚇跑顧客，所以先從少量的問題開始。其他還有直髮或捲髮、有無染髮等重要項目。

雖然這種做法能做出客製化洗髮精，但若要在日本發售這麼多種類的洗髮精，在法律上門檻極高。由於洗髮精屬於化妝品的一種，必須取得化妝品製造業許可才能製造，而且每項化妝品都要個別提出「化妝品製造販售報告書」。

商品企劃本身由營運公司進行，製造一開始委託給經手化妝品 OEM（貼牌製造、委託生產）事業的公司 Pure Heart Kings 處理。然而東京都調查後卻發現，此公司的化妝品製造業許可執照是偽造的。

Sparty 社長深山陽介說：「製造商寄給我們 PDF 檔的執照，沒想到那份 PDF

▲圖 3-6　Sparty 推出的洗髮精根據不同的顏色、香味、界面活性劑與油量，做出客製化配方。

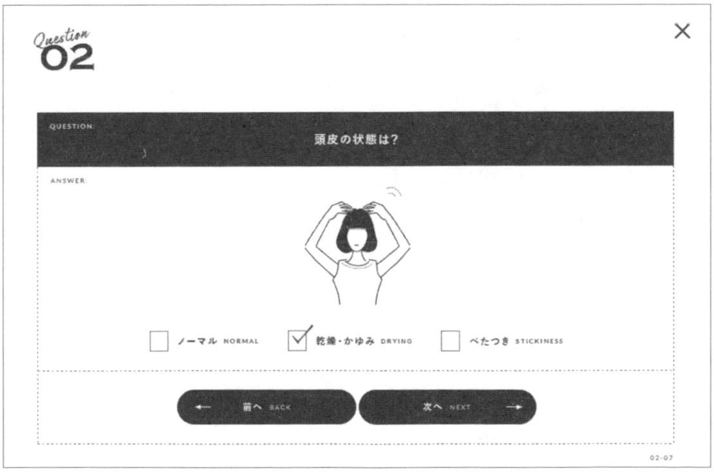

▲圖 3-7　顧客只要回答 7 個問題，就能從超過 100 種配方中，找到適合自己髮質的洗髮精。

是偽造的。東京都甚至一度懷疑我們是共犯，這消息對我們來說簡直晴天霹靂。」

迴盪在腦海裡的「破產」兩字

Sparty 即使後來洗清了嫌疑，但仍被要求必須終止服務，已販售的商品也必須全部回收，加上還必須支付已刊登的廣告費。當時，深山陽介的腦海中，不斷湧現「破產」這兩個字。

分別製造一百種以上的洗髮精，這對承包商來說負擔很大。深山陽介曾委託許多製造商但都被拒絕，好不容易終於找到 Pure Heart Kings 接下這個案子，沒想到就在會員順利增加時，迎面而來的卻是偽造的檢舉。

深山陽介得知偽造消息後，就馬上與股東商量，不要立刻抽離資金。接著就是重新找製造商，最後委託 SATICINE 製藥協助，兩間公司決心合作開拓客製化洗髮精這個全新市場。

就這樣，在偽造事件發生後不久，該公司重新展開事業，員工一位也沒少。

MEDULLA

News!

商品の回収に関するお知らせとお願い

2018年11月2日

平素は、MEDULLAに格別にご愛顧を賜りまして、心より感謝申し上げます。
この度、弊社が販売しているMEDULLAについて、製造販売元であるピュアハートキングス株式会社が化粧品製造許可・化粧品製造販売業許可を取得していないにも関わらず、許可を必要とする製造行為が行われていたことが東京都薬務課の指摘により判明いたしました。

つきましては、当該商品を弊社にて回収させていただき、ご商品代金相当額をご返金させていただくことといたしました。ご購入いただきましたお客様には大変お手数をおかけいたしますが、回収にご協力いただけますよう、お願い申し上げます。

本件に関する東京都の発表は以下よりご確認ください。
http://www.metro.tokyo.jp/tosei/hodohappyo/press/2018/11/01/17.html

▲圖 3-8　Sparty 給顧客的回收商品通知。由於委任製造商偽造許可執照，導致除了停止販售外，也必須回收所有商品。

暫時停止服務後仍有半數續訂

雖然美國已有提供客製化洗髮精的服務，但根據日本的《藥機法》規定，配方不同的所有商品都必須一一得到販售許可，可說入門門檻就高得驚人。然而，跨越了這次苦難，該企業從二〇一八年十二月一日起重新提供服務。

即使情況嚴峻，但在深山陽介背後推了一把的卻是顧客。「遇見你們，我的生活煥然一新！希望能重新推出服務。」在回收的商品中，夾帶了許多來自顧客的手寫信。與此同時，仍然有半數以上的顧客續訂服務，目前的會員數超過了八千人。他自負的說：「雖然比預估得少，但考量到之前偽造事件的影響，我認為這是值得自豪的數字。」這證明了大眾接受了他的服務創意。

讓深山陽介想到這個點子的靈感，來自於他的妻子。據說他的妻子一直苦於找不到適合自己的洗髮精，只能不斷更換各種牌子。就算在店家看到一大堆相似的商品，也不知道如何挑選。相信不少在社群平臺上被稱作「洗髮精難民」的人，都有類似的困擾。因此這類顧客若找到適合自己的洗髮精，就算價格較貴也會買來用。想到這一點，他才著手開發了這項服務。

以三個價值開發服務

Sparty 以三個核心價值推廣服務。原本會打結、毛燥的頭髮，在用了適合自己的洗髮精變得滑順好整理後，任誰都會因此心情愉快。該企業將此稱為「**生活風格價值**」，並視為最重要的價值。為了實現此價值，該企業還設定了前兩個階段的價值。

首先是**情緒價值**（Emotional Value）：深山陽介認為，想提供生活風格價值，除了洗髮精本身外，還應該要提供能讓心情快樂的體驗。因此制定了服務核心理念「專屬於你的美髮沙龍」——隨著季節、身體狀況、年齡等要素不同，適合自己的洗髮精也會有所變化。該企業採納顧客意見，讓顧客能在家中體驗客製化的美髮沙龍。

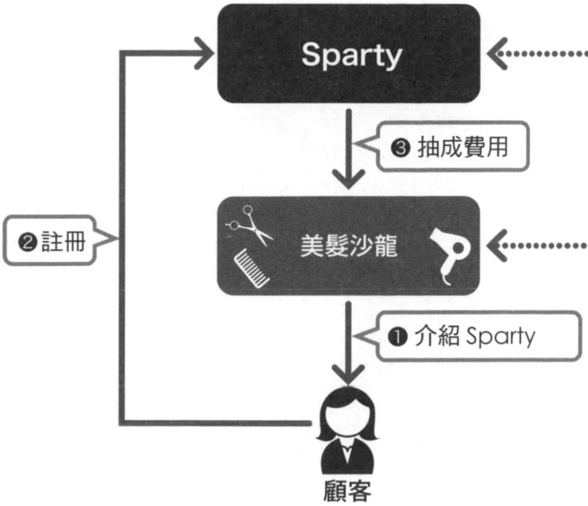

▲圖 3-9　Sparty 與美髮沙龍合作建構販售網路。

而要實現情緒價值，就需要**功能性價值**（Functional Value）。例如方便的使用者介面、包裝商品時噴上香水讓顧客開箱瞬間被香氣包圍等。

與美髮沙龍合作，讓美髮師抽成

此外，該服務為了提供更優良的客製化體驗，與十三間美髮沙龍的五十位美髮師一起合作。美髮師會將此服務推薦給自己的顧客，顧客只要在註冊時輸入個別代號，就會連結推薦的美髮師。若會員日後持續使用服務，美髮師就能拿到最高三成的抽成費用（見圖 3-9）。另外，此企業會將樣品提供給合作的美髮沙龍，如此一來美髮沙龍無須擔心樣品的庫存風險，又能得到抽成收入，而該企業則拓展了銷路。

該企業活用這個合作網路，也推出請美髮師解答顧客有關頭髮煩惱的服務，以及每個月在洗髮精出貨前，藉由LINE的官方帳號向顧客詢問頭髮或頭皮的狀況後，提供更適當的商品。

4 訂隱形眼鏡順便照顧眼睛，會員數以五%速度成長

出乎意料的，有許多企業在訂閱經濟爆紅前，早已引進了訂閱服務，仔細培養成核心事業。舉例來說，目立康（Menicon）的隱形眼鏡訂閱服務「MELS PLAN」，其會員數已超過一百三十萬人。

定額用到飽的訂閱服務潮流，因 Netflix 與 Spotify 等影音串流平臺先行成功，才擴大轉移到實體物品。但日本國內早有企業推行實體商品的訂閱服務，那就是總公司位於名古屋的隱形眼鏡製造、販售大廠日立康。

目立康推出的隱形眼鏡訂閱服務始於二〇〇一年，二〇一三年六月時，會員數已超過一百萬人，現在更增加到一百三十萬人以上。在這幾年間，會員數以每年提升四%至五%的速度增加當中。

此訂閱服務的二〇一八年（三月期）年度營收為三百八十三億四百萬日圓，而目立康的合併營收為七百六十六億七千兩百萬日圓，可說目立康有一半的收入都是來自於此。而且，這個服務在日本國內隱形眼鏡相關事業中市占率為七成，是目立康最重要的核心事業。

只要髒汙或破損可以免費更換

先簡略說明這個服務的內容與特色：它是目立康的訂閱服務，入會費為三千日圓起跳，月費則為一千八百日圓起跳，有長期使用的硬式與軟式隱形眼鏡可供選擇，顧客若想使用拋棄式隱形眼鏡，也提供了日拋式到三個月月拋式等各種產品。

此訂閱服務主要的優點是，當隱形眼鏡上出現髒汙或刮傷受損時，若是長戴型隱形眼鏡，可以到店家免費換成新的隱形眼鏡。若因為視力或生活方式有所變化，使隱形眼鏡不符合使用，也能馬上改變度數與種類。如果不幸遺失則能以五千日圓的價格，更換新的隱形眼鏡。

▲圖 3-10　目立康「MELS PLAN」的官方網站頁面。

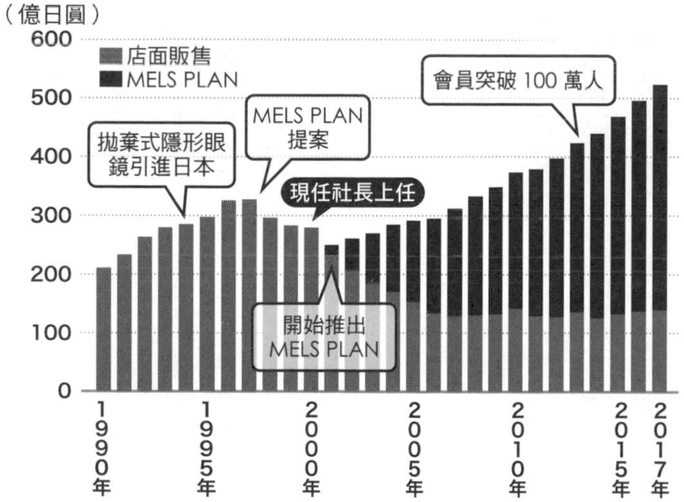

▲圖 3-11　目立康的日本國內隱形眼鏡相關事業業績趨勢圖（年度）。
資料提供：目立康。

類型		入會費	月費	保養用品月費
拋棄式	日拋	3,000 日圓	5,000 日圓	0 日圓
	雙週拋	3,000 日圓	2,100 日圓	500 日圓
	月拋	3,000 日圓	1,800 日圓	500 日圓
	三個月更換型	3,000 日圓	2,400 日圓	500 日圓
長期使用	硬式	5,000 日圓	1,800 日圓	500 日圓
	軟式	5,000 日圓	1,800 日圓	500 日圓

▲圖 3-12　MELS PLAN 的各項方案（保養用品為自由選購）。

提供對眼睛的安心感

但是對近年來占使用者多數，沒有破損或遺失風險的日拋或雙週拋隱形眼鏡使用者來說，這個服務又有什麼優點？

目立康品牌策略與市場調查部 MELS 戰略團隊負責人平田浩二指出：「有不少使用者會因為『好像還能用』或『丟掉很浪費』等理由，使用超過有效期限的隱形眼鏡。但這可能會造成眼睛不適甚至出現病狀。」

而目立康的訂閱服務會在一定期間內，提供剛好分量的隱形眼鏡，所以顧客比較容易遵守隱形眼鏡的使用規定。平田浩二說：「顧客在定期拿到新隱形眼鏡時，養成檢查眼睛狀況的習慣，這麼一來若眼睛發生異常，也能及早發現、及早處理。」

顧客過去的購買方式，往往讓顧客即使眼睛不適也會繼續用過期的隱形眼鏡；轉用訂閱服務後，就算是相同的款式與度數，顧客也會更注意有效期限與使用方式。在這層意義上，此服務除了提供全新的隱形眼鏡體驗，也可為眼睛打造安心、安全的環境。

目立康的訂閱服務會定期將商品宅配到府，相當方便。由於此服務讓因不當使用隱形眼鏡造成眼睛病變的風險大幅下降，所以很多眼科醫師也相當推薦。

獲得零售店理解的訂閱服務直售模式

訂閱服務雖是目立康的金雞母，但在成立當初非常辛苦。此點子來自目立康創辦人的兒子，同時也是眼科醫師的現任社長田中英成。當時，目立康面臨了拋棄式隱形眼鏡急速普及、零售店興起破壞隱形眼鏡價格的危機。很多本以為是目立康製才購買的使用者，因隱形眼鏡出問題拿來更換，才發現是其他公司製造的，迫使目立康有必要盡快保護自己的口碑。這時想到的，就是讓公司與消費者簽訂月費制契約，然後請顧客去零售店拿貨。

但這方案並非馬上得到理解。若零售店都是目利康的直營店則較容易做到，但要向同時販售其他公司製品的一般店家，說明訂閱服務的架構並委託辦理加入會員手續，非

▲圖 3-13　目立康訂閱服務其 App 的推播通知，可以提醒顧客何時應該更換隱形眼鏡。

直營店就很難接受。

因此目立康設置了網路申請平臺，將繁雜手續交由客服中心處理。雖然部分店家認為顧客被目立康總公司搶走，但目立康以不會捲進價格競爭、長期的回流客會增加等好處說服，店家才願意接受。目前日本全國受理服務的店家約有一千七百間。

二〇一七年二月，目立康的訂閱服務推出了官方App。雙週拋與月拋的使用者透過這個App，在隱形眼鏡更換日可以收到推播通知提醒（見圖3-13）。另外，App具備會員證功能，除了可確認自己的使用狀況，也可以在店家出示條碼，讓店員參考購買紀錄。若顧客想在目立康直營店消費，還可以用App事前預約，縮短等待時間。平田浩二說：「現在App的使用者將近二十萬人。」

這項服務的解約率僅七%，新會員中也有約三成是舊會員介紹而來。**將提供商品的方式從「購買」轉換成「到期更換」**，這可說是目立康成功的祕訣。

第四章

替萎縮市場找到新商機，汽車大廠也開始投入

豐田汽車構思一年後，開始投入訂閱經濟；比豐田汽車早一步推出訂閱服務的日產汽車與 Volvo，也致力於獲得顧客的支持。

1 從擁有車到活用車，豐田汽車的「不買車」策略

豐田汽車的訂閱服務「KINTO」在二〇一九年二月開始在東京推出，並計畫推展到日本全國。

想開就能馬上開，隨心所欲前往任何地方——「KINTO」試圖打造如同《西遊記》裡「筋斗雲」般的形象（按：「KINTO」〔日文為「キント」〕的命名取自筋斗雲〔日文為「きんとうん」〕），是豐田汽車推出的訂閱服務，讓顧客能以固定月費駕駛新車。

豐田汽車在二〇一九年一月五日發表此服務內容，並準備「KINTO ONE」（以下簡稱ONE）與「KINTO SELECT」（以下簡稱SELECT）兩種方案（按：豐田汽車臺灣總代理和泰汽車推出的「TOYOTA新車自由配—訂閱式租賃服務」與此訂閱服務規定不同，詳見官方網站）。

若顧客選擇ONE，可從五種車款中選一種駕駛三年，月費隨汽車等級有所不同。

另一方面，SELECT則是高級車「Lexus」專用方案，顧客透過此方案，可每六個月換乘六種車款，服務總共可以使用三年（見左頁圖4-1）。月費為十九萬四千四百日圓（含稅）。

月費計入了各種成本，包含任意險（體傷、財損）與汽車稅，還有各種註冊費用，使用者只須再額外負擔停車費與油錢即可。此外，若顧客未到三年便解約，需要支付違約金。

先發制人，總之先做再說

SELECT從二〇一九年二月六日、ONE從同一年三月一日開始推出，不論哪一種都先從東京都內的營業所（一部分門市除外）試營運，在同一年夏天之後推廣到日本全國，並從秋天起擴充ONE的服務車款。

豐田汽車在二〇一九年一月十一日，成立了與服務名相同的子公司「KINTO」，並由豐田金融服務公司出資六六・六%、住友集團的住友三井汽車服務公司出資三三・四%，為兩間公司共同經營。

▲圖 4-1　透過 ONE 方案，可從五種車款中選擇（上）；顧客透過 SELECT 方案，則可從 Lexus 的 ES300h、IS300h、RC300h、UX250h、RX450h、NX300h 的六種車款中選擇（下）。

KINTO的社長小寺信也說：「豐田汽車自始以來的經營策略總是非常保守，但面對不透明的未來，我們想搶先一步做出反應。」

面對從擁有車到活用車的顧客變化，豐田汽車判斷當務之急，是建構新的商業模式，以應對多元化的汽車利用形式。

要成立事業，最應重視的是速度。小寺信也說：「我們一邊留意新創企業的做法，一邊建立新的體系。」**豐田汽車不再如以往一切自己包辦，而是尋找合作夥伴**，並在構思一年後立即啟動服務。

成為豐田汽車合作夥伴的住友三井汽車服務公司，在法人租賃業界已有實績。住友三井汽車服務公司常務執行董事業務推進本部長小熊浩說：「我們原本主要以法人租賃為核心，因此對住友三井來說，與豐田汽車合作是將租賃服務推往個人顧客的機會。」

「不買車」的應對策略

訂閱服務看似與過去的「販售形式」成為競爭對手，但豐田汽車認為「顧客不論選擇買車還是借車都沒關係」。在日本國內新車販售市場逐漸縮小之際，汽車訂閱服務幫顧客負擔了買車時須支付的初期投資與任意險成本，**試著吸引初次買車或不願買車的年輕族群**。豐田汽車提供購買之外的選擇，想創造顧客與車輛之間新的接觸點。

此服務考量所有成本後，再推算出月費金額。設定價格時也同時考量到，不要讓消費者覺得太貴或太便宜。

另外，豐田汽車除了會收集顧客的喜好資訊或與結帳有關的數據，也在所有車輛上搭載「數據通訊模組」（Data Communication Module，簡稱ＤＣＭ），藉此取得行車

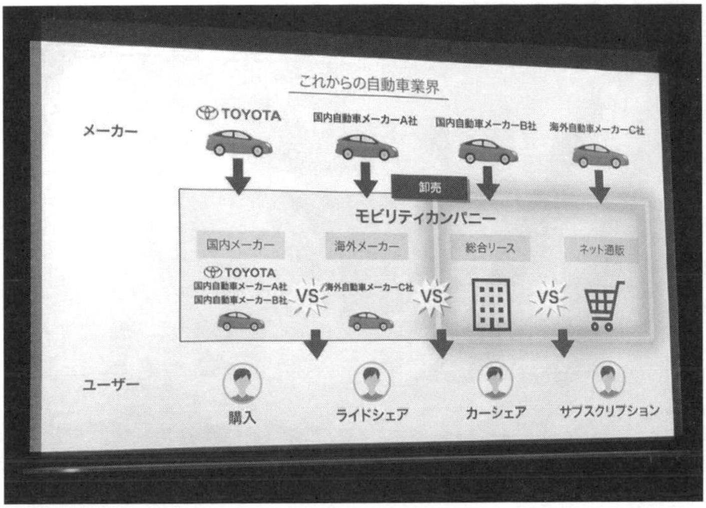

▲圖 4-2　為應對顧客從「擁有」轉向「使用」的變化，豐田汽車的目標在於建構新的商業模式。

數據。豐田汽車從這些數據，將安全駕駛或維修狀況量化，並打算引進能補貼付費金額的點數服務。除此之外，數據也會活用在行銷或服務改善上，希望能提高使用者續訂率，且更計畫將這些數據應用在豐田汽車的自動駕駛技術上。

順帶一提，使用者租借的車在歸還後會被當作二手車販售，豐田汽車也正在討論，是否要推動二手車的訂閱服務。

日本的中古車企業IDOM，比豐田汽車早一步推出汽車訂閱服務。不過該企業曾表示，由於汽車訂閱這個概念尚未普及，因此面臨使用者人數始終無法提升的困境。

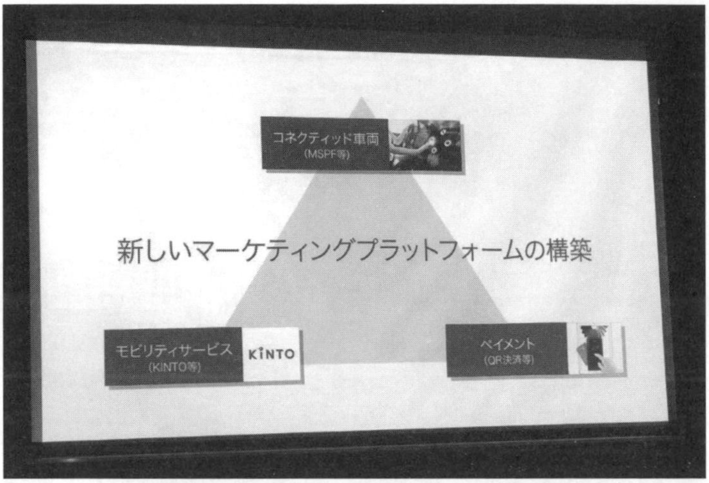

▲圖 4-3　在豐田汽車的規畫中，汽車訂閱服務與互聯汽車（connected car，可連接到網路的車輛，讓駕駛更加便利）、電子支付，成為全新市場行銷平臺的重要一環。

正因如此，該企業也歡迎業界巨人的加入：「製造商參加訂閱服務，對本公司來說像是一股助力。」

經銷商也必須改變

豐田汽車其訂閱服務的簽約、交車、使用後的維修、保養都由營業據點負責，也就是說，這是**沒有經銷商就無法成立的商業模式**。那麼經銷商是否已準備好能協助顧客的環境？

對經銷商來說，在目前新車販售市場逐漸縮小的情況下，建構新的商業模式，透過維修保養等服務獲取利潤是當務之急。此外，訂閱服務的新車也從經銷商購入，試著成立新的盈利模型。

小寺信也說：「我們想成為納入經銷商的『移動公司』。將來當網購、銀行等其他產業參與時，具備經銷通路網將會成為我們的強項。」

「經銷商也必須改變」的時刻已到。豐田汽車在日本全國有四條不同的經銷通路，不過近年試著整併所有通路，開始合併販賣。豐田汽車在東京的據點便早於其他地區整合四條經銷通路，因此東京的成敗將成為是否要推行到全國的判斷基準。

關於訂閱服務，豐田汽車強調先發制人、總之先做的觀點。小寺信也針對在東京的嘗試下定決心的說：「總之先看顧客能不能接受，不能接受的話重來就好。」

豐田汽車這艘開始航向未知大海的船，是否真能成為理想的移動公司？訂閱服務這項服務正是他們的試金石。

2 比起盈利，日產汽車更重視接觸點

日產汽車從二〇一八年一月開始，推出電動車訂閱服務。為普及電動車所做的投資，成了訂閱服務的一大助力，讓服務據點在全日本勢如破竹的快速擴張。雖然日產汽車很難藉此創造利潤，但真正的目的，是與平常無法觸及的年輕族群建立接觸點。

二〇一八年九月二十八日增加十個、九月三十日增加七個、十月上旬增加四十一個……日產汽車用來租車、還車的電動車訂閱服務據點正急遽擴大中。

此服務名為「e-share mobi」，在二〇一八年一月十五日推出，活用了收費停車場與日產租車的門市，在這些地方設置租借電動車的據點。一開始據點屈指可數，但在同一年夏天急遽增加。

電動車訂閱服務

這項服務最大的特色，是所有車輛皆為自家生產的電動車，出借車款包含純電動汽車與引擎發電的電動車。

費用為月費基本額再加上使用時的租賃費。月費基本額為一千日圓（含稅，本節同），租賃費為每十五分鐘兩百日圓，不會加收行車距離的費用。

這種價位就算說是業界最便宜也不為過。跟其他公司的基本方案比，Times租車公司的汽車共享服務月費基本額為一千零三十日圓，再加上每使用十五分鐘的租金為兩百零六日圓；ORIX租車公司則是月費基本額九百八十日圓，每使用十五分鐘的租金為兩百日圓，另外加計行車距離費每公里十六日圓。

此外，日產汽車從二〇一八年服務開始到同一年七月底，祭出了月費基本額免費的優惠，八月一日起則以「出門支持特惠活動」的名義，繼續將優惠延長到同一年十一月三十日；二〇一九年四月則新推出月費免費方案（有使用時才須付費）。

服務的使用方式很簡單，只要用電腦或手機進入專用網站，登記本人的信用卡與駕照，駕照即能當成智慧卡（ＩＣ卡）使用。接著前往租車據點，讓車子後車窗上的讀卡機掃瞄駕照，車門就會開啟。拿出副駕駛座前面置物箱中的鑰匙，就能馬上發動車子。

▲圖 4-4　日產汽車其訂閱服務的電動車停放據點，在日本急速增加中。

由於是以信用卡結帳，所以不需要支付現金，車上也搭載了電子道路收費系統（ETC）。且每天都有專人清潔車輛，因此車子總能保持如新。另外，因為是電動車，也不須把油加滿才能歸還。對於想駕駛最新電動車的客群來說，可說是使用起來最輕鬆的服務。不過最令人在意的，是這種方式究竟能不能帶來利益。

想獲取利潤還很困難

「只靠電動車訂閱服務獲取利潤，說實在的相當困難。」如此解釋的，是參與服務成立的日產汽車中期戰略企劃部的高橋雅典。考量到據點須設在好地點、車輛維護、管理費用都需要一定成本，因此僅靠汽車共享事業無法獲得利潤。但其實日產汽車的目的不在此，而是「將電動車推廣到全世界」。

例如只要一個按鈕，就可以停車的自動停車技術；或放開油門就能一口氣減速的單腳踏操控系統等，都能經由訂閱服務將日產汽車的先端功能介紹給大眾，這才是此服務真正的意義。實際上體驗過此服務的使用者中，有八成以上都回答「還想再使用」，可說為日產電動車提升好感度做出貢獻。

每一個據點每日的平均使用人數超過五十人，六至七成為二十至四十歲族群，上班

▲圖 4-5　新型日產車款 Leaf（上）與 Note e-POWER（下）。

族居多，其次為大學生。

比租車服務更容易推展到日本全國

像是剛考到駕照的大學生，很難馬上就買新車，但對他們來說電動車訂閱服務的使用門檻低，且容易讓人一坐上去就成了粉絲，這麼一來就能**把日產汽車的新技術，介紹給平常無法接觸的客群**。從能吸引與其擁有不如使用的「訂閱服務愛好者」這點來看，可說就算從公司整體來看，也是十分有利可圖的事業。

事實上這個訂閱服務具有更容易推展到日本全國的優點。一般租車服務必須有店面、有員工，但此服務不需要有人招呼顧客也能運作。當然，車輛清潔與整備需要專人處理，但也不像一般租車服務需要較多的人手。

從使用者角度來看，有需要時，只要利用手機就能快速借車，也是一大優點。另外，汽車共享雖給人限制在短時間使用的印象，但其實也可以長時間借用。

此訂閱服務除了每十五分鐘兩百日圓的按時計費方式，還準備了夜間包車服務。時間最長的方案「商務夜間包車」，可從傍晚五點至隔日十點租車共十七小時，費用為三千七百日圓。對顧客來說，因加班錯過末班車時是最好的幫手。雖然其他租車公司也都有夜間包車服務，但因為需要額外支付行車距離費，日產汽車相對便宜。

電動車的最大弱點是電池會隨時間而劣化，但若能提供整備完全的服務，就不會損及品牌價值。雖然電動車的續航力比不上汽油車，但這類服務本來就適合短時間使用，因此不必擔心續航力的問題。

此服務的課題在於擴大據點數。為了提高便利性，必須增加租車、還車據點數量。日產汽車在二〇一八年七月，與以日本關西地區為中心經營零售店的 Kohnan 商事合作，在該企業的三分之一的零售店，也就是近一百間店的停車場都設置了據點。不過在許多具有很高市場潛力的地方仍尚未設點，例如各大鐵路總站或大學的周邊。

成為新車販售以外的經營核心

「不買車」這個議題在社會上已經被談論很久，汽車共享正符合時代從「擁有」轉向「使用」的潮流，電動車事業有許多大型投資參與，背負了將這類服務普及到社會的責任。若可以拿出成果，便能期待據點繼續擴大。

現今對電動車的投資，或許有助於將來培育嶄新的事業。而汽車共享服務似乎能成為新車販售以外的新支柱，幫助今後的汽車業界急速擴張也說不定。

3　交車前先試乘，二手庫存車全速運作

北歐高級車製造商 Volvo 藉由在日本導入訂閱服務，將自家車子介紹給想使用的客群，利用交車前的空檔提供汽車駕駛體驗，並全力調度二手庫存車。

以「聰明駕馭 Volvo」為核心理念，企業 Volvo Car Japan 在二〇一八年六月，推出了訂閱服務「SELEKT SMAVO」。透過此服務，顧客每個月支付固定金額，就能駕駛該企業的二手車。雖然一開始需要負擔強制險、各項檢查手續費等初期費用，不過之後每個月只要付車輛訂價的一・三%（含稅），最長就能租一年。

到交車前的「試用期」

用於訂閱服務的優質二手車，皆為公司內調度而來。而建立此服務的背後原因，是

▲圖 4-6　Volvo 的車款 SUV「XC60」到交車前有長達半年的等待時間。企業反過來利用這段期間，推出 Bridge SMAVO 服務。

由於日本分公司原創的「Bridge SMAVO」服務深受好評。

有別於二手車的訂閱服務，Bridge SMAVO 借給顧客的是該企業的新車。這看起來像一般的租車服務，但與一般服務最大的差異有兩點，第一是租借時間只限定購車後至交車前這段期間，第二是對象只限於購買車款 SUV「XC40」以及「XC60」的人。

亦即**反過來利用等交車的時間**，作為「Bridge」（橋梁）請買家先試乘該企業的汽車。顧客只要一開始支付登記費等費用，然後每個月付車輛本體價格的一%（含稅），就能隨意選擇喜歡的車款駕駛。

車輛的所有權在租車公司上，顧客能試乘的期間最長一年，每個月最多可以開七百五十公里，超過須額外付費。租期結束後顧客將借來的車歸還，改為駕駛買來的新車即可。

例如旗艦車款「九〇系列」等要價七百萬日圓等級的高級車，可以月費七萬日圓租借。只看金額會覺得非常貴，但這是乘坐高級車的好機會。最重要的是，這個「車輛價格一％」的價位實在非常巧妙。

購買新車時，須負擔各種費用，而且汽車的價值隨著駕駛時間越長會越來越低。因此考量到剛買車的巨額支出與汽車折舊導致價值下降，顧客支付初期費用與月費租車，其實也不算吃虧。

另外，能在交車前、交車後的短期間內駕駛兩輛新車，可說是相當特別的體驗。

為了防止顧客流失

為什麼 Bridge SMAVO 這個服務會誕生？

起因是企業面臨新型車缺貨的狀態——在二〇一七年十月發售的「XC60」，以二〇一八年底前賣出三千輛為銷售目標，沒想到在二〇一八年九月時就已經收到超過四千輛的訂單；二〇一八年三月發售的「XC40」銷售目標原訂為一千五百輛，之後卻收到約三千輛的訂單。

這兩款車從發售後到交車需半年的等待時間。為了避免車主認為「既然要花這麼多時間等，那不買也沒關係」，才推出此服務並收到不錯的成效。二〇一七年七月服務推出後，簽約數在一年多後突破一千五百次，目前仍在成長。換個想法，也就表示**阻止了這麼多的顧客流失**。

「借給顧客的新車，會成為優質二手車回到市場。」該企業如此說明，期望透過打好以二手車為主的「SELEKT SMAVO」的根基，讓二手庫存車也能被善用。

三個訂閱服務加上原創體驗

汽車訂閱服務受到青睞，與汽車業界形成從「擁有」轉向「使用」的風潮有關。尤其現今汽車技術革新快速，該企業說：「五年前與現在的車載安全系統有著天壤之別。每三年換乘新車，其實是能使用汽車最新功能的理想週期。」

因此 Volvo 最一開始先推出不需要初期費用，可每三年換乘新車的月費租車方案「SMAVO」；以及購車後至交車前的期間限定服務「Bridge SMAVO」；最後再成立針對二手車使用者的「SELEKT SMAVO」，靠三個訂閱服務試著擴大事業版圖（見左頁圖 4-7）。

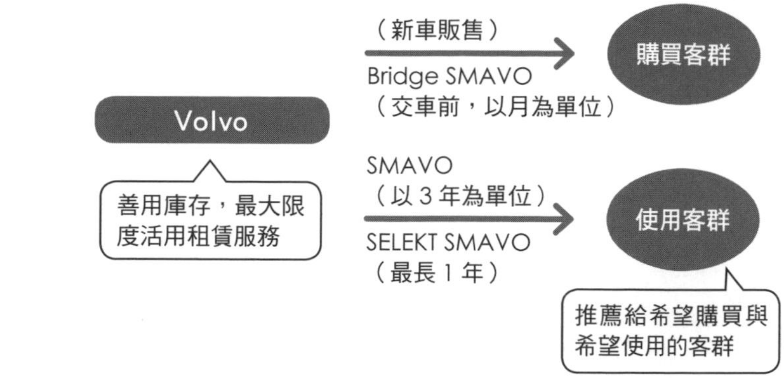

▲圖 4-7　Volvo 以三項訂閱服務擴大事業版圖。

另外還推出「智慧保險＋」這個原創的保險方案——由企業負擔前窗與後窗、爆胎等十項修理與更換費用。

到二十一世紀中期讓半數汽車投入訂閱服務

Volvo 總部位於北歐瑞典，在歐洲從二〇一七年底起，推出訂閱服務「Care by Volvo」，顧客不須負擔初期費用，以支付保險費與月費的方式，可每兩年換乘新車。該企業計畫在二十一世紀中期，讓製造的半數車輛都投入訂閱服務中。

除此之外，德國賓士汽車公司從二〇一八年六月起，在美國兩個都市推出訂閱服務。顧客只要付四百九十五美元的初期費用與月費（一千零九十五至兩千九百九十五美元），就能自由換乘喜歡的賓士車。下載專用 App 並預約，代駕人員就會幫忙把車開到指定場所。

德國BMW也同樣於二〇一八年，在美國嘗試推出訂閱服務。不讓賓士專美於前，同一年八月將月費調降至一千零九十九美元，可說彼此競爭得相當激烈。

若訂閱經濟市場順利普及，那麼在二十一世紀中期，買車這個概念或許就會消失。如此一來，汽車訂閱也會像智慧型手機融入生活中，人們便走向自由換乘汽車的時代。

4 輪胎商轉型當輪胎顧問，續訂率一〇〇%

輪胎製造商普利司通籌組了B2B（business-to-business，企業對企業的交易形式）事業的訂閱服務，針對貨車及公車業者推出包辦輪胎更換及維修的套裝方案。目前約兩萬七千輛車使用此服務，續訂率接近一〇〇%，找到其他公司沒有的強項。

世界著名輪胎製造商普利司通，推出訂閱服務「TPP」（Total Package Plan）。主要顧客為貨車與公車業者，在B2B業界中找到有此需求的顧客。

訂閱服務對普利司通而言，代表脫離只賣輪胎的商業模式。顧客透過此服務，除了能更換新輪胎，也能翻新胎（讓已經磨損的輪胎經過翻修加工）。此外，輪胎維護也一起包辦處理。

普利司通員工已經不再只是輪胎的銷售員，在仔細聆聽每間公司的需求後，還要調

▲圖 4-8　普利司通的訂閱服務提供輪胎更換、輪胎保養等各種服務項目。
照片提供：普利司通。

查輪胎的使用狀況，以符合每間企業需求的價格，提出包含輪胎種類、維護方式等各種細節的服務方案。普利司通同時也會思考該如何改善油耗、降低總體成本，可說**更像是一位輪胎顧問**。

配合使用狀況提出價格

這種套裝服務誕生的契機，要追溯到二〇〇七年。普利司通當時收購翻新胎業界龍頭美國 BANDAG 輪胎公司，開始讓翻新胎的服務普及化。普利司通認為比起單獨販售輪胎，一次包辦新輪胎販售、輪胎保養等服務再賣，才能完整運用日本全國的商店網路及自家公司的服務能力，可以說正是今日訂閱經濟

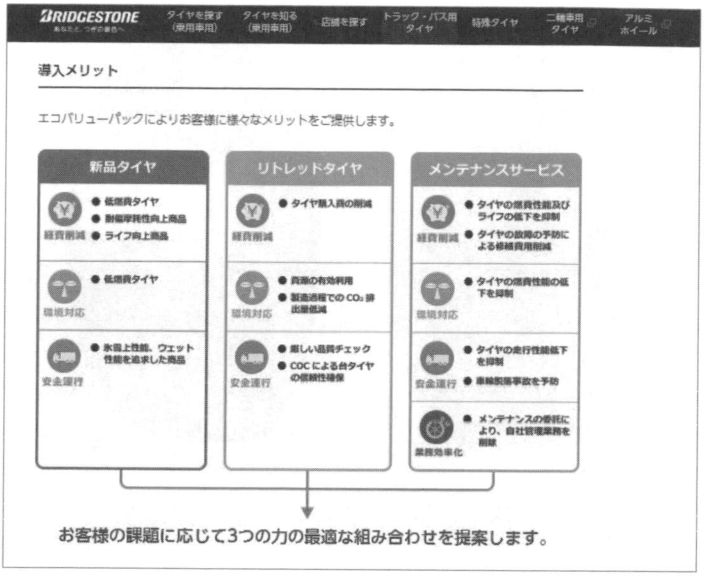

▲圖 4-9　普利司通其訂閱服務的官方網站頁面。

的先驅者之一。

普利司通表示，服務的月費視各家業者而有所不同，會依照輪胎使用狀況提出最適當的價格。此服務會提出更換新胎的建議，顧客在簽約期間能隨時進行維修。

高齡化、人手不足帶來商機

使用該服務的車輛數在二〇一七年底時，約有兩萬七千臺。多數簽約的業者擁有的車輛都在二十臺前後，據普利司通估計，續訂率幾乎是一〇〇%。這個服務之所以如此受歡迎，正是因為掌握了時代的需求。

▲圖 4-10　普利司通針對貨車、公車設計的低油耗輪胎「ECOPIA M801」（左）與「ECOPIA W911 II」（右）。
照片提供：普利司通。

現在，運輸業已邁向高齡化，貨物量卻只增不減，導致嚴重人手不足的問題。而為了安全駕駛，車輛的頻繁保養便不可或缺，但運輸業者無多餘人力可以處理。也就是說，輪胎的保養難以再靠公司內部的員工負責。

不過對運輸業者來說，若將輪胎保養全部外包給普利司通處理，就能專注在本業上。不僅大幅減輕勞動負擔，而且採月費制，可以事先安排好預算，對企業而言有利無弊。

雖然會因此增加保養成本，比企業自己買輪胎多了點費用，但可以買到安全與安心。

另外，普利司通的翻新胎服務，並非回收不知誰用過的他牌輪胎，而是自家輪胎，因此給人安心感。新輪胎壽命用盡後，翻新胎能帶來「二次壽命」，雖然這需要高度的保養技術，但這正是普利司通的拿手絕活。延長輪胎的使用年限，對企業來說也能減少開銷，且更貼近環境永續經營的理念。

壓倒性的市占率、在日本全國各地的眾多據點，讓普利司通能應對輪胎相關的各種繁雜需求。正因為是其他公司無法仿效的服務，顧客才會選擇普利司通。這也是續訂率如此高的緣由。

從普利司通的角度來看，訂閱服務讓該企業脫離了只賣輪胎這種雞蛋放在相同籃子的做法，開拓了其他營收來源。只要具備與顧客間的穩定接觸點，並繼續增加服務的簽約數，即使在必須更換雪胎的冬季等保養工作大量集中的時期，也能安然度過。

B2C還很困難

但想將這個商業模式推行到B2C（Business to Consumer，企業對個人的交易形式），還有不得不越過的高牆。

日本普利司通輪胎常務執行董事生產財販賣統括本部長的番匠谷克志說：「貨車或公車的駕駛員都是專家，因此某種程度上，我們比較能了解他們怎麼開車、輪胎開了多久，不過一般駕駛開車方式有很大的個人差異。」

只有當汽車共享更加普及、從「擁有」轉向「使用」的風潮更廣為人知、能記錄行車數據的監控系統更加完善時，才有可能推出B2C的服務。目前輪胎套裝服務能吸引多少一般顧客，還是未知數。

近年來貨車、公車用的市售輪胎需求已到了飽和狀態（日本汽車輪胎協會調查），企業只靠賣輪胎已經難以繼續成長了。

番匠谷克志說：「訂閱服務從公司整體來看，還只是小規模的事業。」然而其中卻有莫大潛力。反過來說，就連普利司通這樣的領導品牌，除了物品外都還必須再加售服務，因此各大製造商提供服務的嶄新時代或許即將來到。

第五章

後發品牌如何搶市場？娛樂、美容業這樣找藍海

日本的網路影音串流服務，如何對抗亞馬遜與 Netflix 等攻勢，建立商戰策略？女性專用自助美容訂閱服務「BODY ARCHI」推出受到萬眾矚目，讓我們一窺該企業三年內想展店 100 間的野心。

1 日本影音串流平臺，靠高額會費與書籍統合打敗國外巨人

在美國亞馬遜與 Netflix 的攻勢下，訂閱型態的影音串流服務競爭更加白熱化。日本該如何對抗來自國外的巨人？日本影音平臺「U-NEXT」透過高額費用增加影片數，並加入電子書以吸引顧客。

不論在何時何地都能看電影、影集看到飽，這種付費影音串流服務已逐漸在世界各地落地生根。

其中，日本國內使用率最高的服務是「亞馬遜 Prime 影音」（Amazon Prime Video，包含於亞馬遜 Prime 之中）。根據市調公司 MMDLabo 調查顯示，付費影音串流服務的使用經驗裡，亞馬遜 Prime 影音為一九．七％，占比最多。亞馬遜 Prime 的月費為五百日圓（或年費四千九百日圓，皆含稅），讓人覺得很划算，iOS 的 App Store

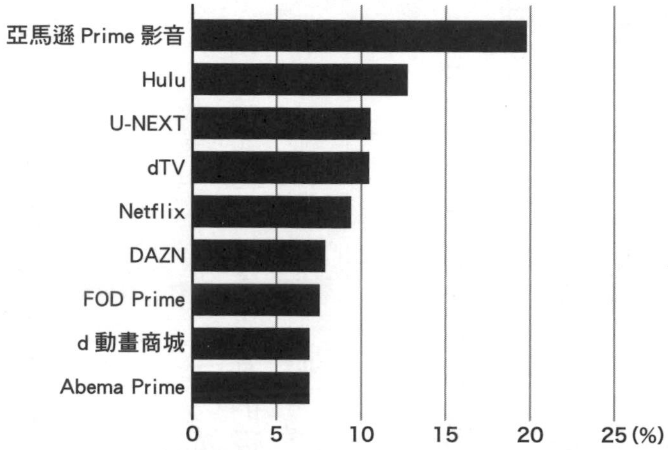

付費影音串流服務的使用經驗

▲圖 5-1　MMDLabo 經營的 MMD 研究所，針對消費者的付費定額影音串流服務使用經驗，以 1 萬人為對象所做的調查結果。

上評價也高達四・七分（滿分五分，二○一九年五月中旬資訊）。

在使用占比及評價都由亞馬遜領軍的狀況下，有個影音串流服務價位高至月費一千九百九十日圓，但在調查中排名第三急追亞馬遜（見圖 5-1），App Store 評價則是四・五分。這個服務就是企業 U-NEXT 經營的「U-NEXT」。

以重度觀眾決勝負

此服務的高評價來自於提供豐富的內容：在平臺中，電影、影集多達八千部，動畫也多達兩千部以上，是日本最大的影音平臺。除此之外，該平臺額外提供相當於一千兩百日圓左右的點數，

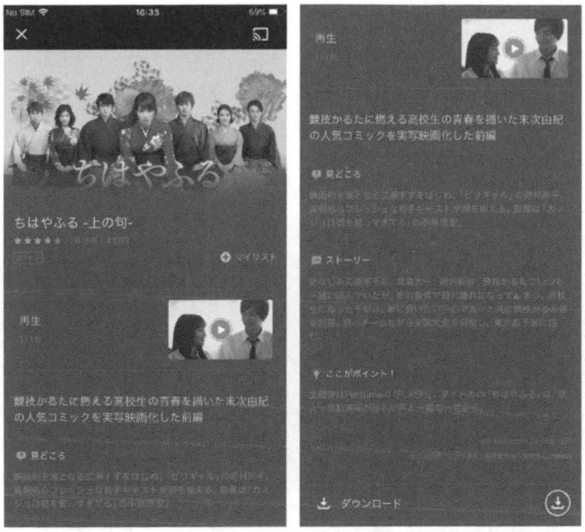

▲圖 5-2　加入了電子書服務的「U-NEXT」官方 App。捲動平臺影片的介紹頁面，就可以看到相關的漫畫或小說一覽。

會員可用點數欣賞最新電影等。

U-NEXT 社長堤天心說：「（亞馬遜等）國外其他公司的服務，雖然將輕度觀眾視為客群，但我們不想在這個領域決勝負。」此服務想吸納的，是**覺得競爭對手影片數量不夠看，熱愛電影及動畫的重度客群**。

二〇一九年一月底，此企業統合了原本由其他 App 提供的電子書籍服務，因此該平臺的點數，同樣可以用來購買電子書籍與電子漫畫。

會員看完原作為漫畫的電影後，可在平臺上捲動頁面尋找「相關書籍」，找到原作漫畫（見圖 5-2）。堤天心說：「這是其他公司無法提供的服務。」在此平臺上還可以閱覽約七十本雜誌，無須額外付費。

將影片與電子書籍高度統合

二〇一五年，日本電子商東芝出售旗下電子書事業給 U-NEXT 公司，這是 U-NEXT 過去之所以影片與電子書籍分成兩個 App 的原因。由於原有的 App 設計頗為老舊，使用者紛紛提出「讀取很慢」等意見，因此二〇一九年時 App 統合，其實目的是為了解決運作速度與穩定性的問題。

過去顧客在許多 App 上閱讀電子書籍前，必須先將整本書下載到手機上才能看。堤天心說明：「**我們想將影音串流技術也應用在電子書籍中**。」漫畫或雜誌若是以串流服務運作，如此一來讀取時間變少，使用者可以馬上翻開書籍閱讀。

據他解釋，跟只看影片的使用者相比，同時使用影片與電子書籍兩種服務的人開啟 App 的頻率更高，活躍率有著數倍之差。

尤其是閱讀漫畫的所需時間比觀看影像作品更少，所以有許多人會在通勤的空檔閱讀。若有更多人閱讀電子書籍，就會有更多人購買追加點數（用於觀看須另外再付費的最新電影等）。

GYAO！靠木村拓哉效果快速成長

其他的影音服務，也嘗試做出幫顧客消磨短暫空閒時間的內容。例如免費影片平臺「GYAO！」就推出以影星木村拓哉為首，由諧星與偶像等藝人演出的一集十五分鐘原創節目。此外，除了最新電視劇的重播，該平臺甚至在各集電視劇之間加入短劇，也深受觀眾好評。

除了加強影片內容外，二〇一八年夏天起播出，木村拓哉演出此服務的宣傳廣告也獲得極大效果。該企業編成本部長兼內容產業商務本部長有本恭史說明：「根據美國App分析公司的調查，二〇一八年十月至十二月的影片串流服務App的日本國內下載數，我們獲得了第一名。」他帶有自信的說：「雖然市場競爭激烈，但是包含動畫與電影在內，可以免費觀看額外影像作品的服務，目前除了我們之外，沒有其他明確的競爭對手。」

不只是Netflix以及亞馬遜，據傳二〇一九年後半美國華特迪士尼公司也要推出自家的影音串流服務（按：迪士尼影音串流服務「Disney+」在二〇一九年十一月正式上線），競爭必然更加激烈。

日本國內公司也相當爭氣。朝日電視臺與日本網路公司出資組建的網路電視臺

「AbemaTV」，其付費會員在二〇一七年底為八萬人左右，一年後即成長四・五倍，達到約三十五萬八千人。

堤天心說：「網路影音平臺吃掉DVD租片等市場的狀況，今後還會持續加速。」只要市場繼續擴大，且打出國外服務沒有的獨創性與便利性，日本國內公司依然可以立於不敗之地。

專家訪談二

獨賣電子書成賣點，以會員規模成長兩倍為目標

將影音平臺與電子書籍 App 統合的目的是什麼？日本國內外的競爭對手多如繁星，還能期待網路影音串流服務的市場仍可以繼續擴大嗎？本文為針對 U-NEXT 的事業戰略，向社長堤天心請教的訪談。

Q：統合 App 後的迴響如何？

A：雖然尚未做出詳細的分析，但 App 開啟率確實提升了。只要開啟率提升，就能一併加強對服務的歸屬感，進而提升續訂率。雖然在影音平臺中加入電子書，也有期望顧客追加購買付費內容、增加營業額的一面，但這並不是主要目的，我們真正希望的是使用者能實際感受服務的魅力，使會員數有所成長。

▲圖 5-3　U-NEXT 社長堤天心提到，電子書與影音平臺統合後，App 的開啟率提升不少。
照片拍攝：木村輝。

Q：對日本網路影音串流服務的市場前景有什麼看法？

A：還有發展空間。日本跟國外比，影音串流服務的普及相對較晚，DVD販售或租片事業還根深柢固。即使如此，在年輕族群間已逐漸從購買DVD轉而使用網路串流平臺。

影音串流服務也會衝擊到有線電視等市場，其隨選視訊且可跨裝置使用的特點非常具有優勢。

Q：有什麼能對抗亞馬遜等國外影音串流服務的策略嗎？

A：就算和國外對手採用一樣的策略也沒意義。國外服務給我一種為輕度使用者設計、採取大眾戰略的印象，其影音平臺上，提供的大都是具有一定知名度的作品，可說只推出了較大眾化的內容。然而因這些內容滿足的使用者，平常不太會主動花錢去電影院看電影，也不常購買漫畫與書籍。

我們的目標客群是積極接觸娛樂作品，例如喜歡電影及動畫，每個月會參與一次相關活動的人。雖然我們的月費為一千九百九十日圓，比其他公司的服務高，但我們也願意投資在充實更多的影片內容。從使用者的意見中，很常聽到「因為其他公司的服務內容不夠多，所以現在用的是U-NEXT」的回饋。

關於書籍，我們加強與出版社的合作，將來想推出只在我們的平臺上能看到，紙本漫畫電子化或改編成小說的作品。說不定日後也可能在內部建立具出版機能的部門。

Q：今後的目標是？

A：隨著數位化，不論影視還是書籍的流通方式都大幅改變了。原作改編成漫畫或電影的過程中，各個改編作品原本會透過不同的管道推出，不過今後可以藉由我們的平臺匯整所有娛樂內容。我們與出版社合作等，都是為了更貼近內容提供者。

這樣的結構提高了便利性，進而提高顧客的續訂率與服務滿意度。我們希望在未來一至兩年內，可將會員規模擴大到現在的兩倍。

2　女性專用美容健身房，在淡季展店還當第一

無使用次數限制的女性專用自助美容健身房誕生了。「BODY ARCHI」是新型態美容會館，會員能利用尖端美容設備雕塑身體。二〇一八年十一月一號店開幕，目標是三年內拓展到一百間店面。

「BODY ARCHI」這個名稱是結合Body（身體）與Architect（建築師）這兩個單字而來，具有「臀圍還想增加三公分」、「腰圍縮小兩公分」等「我設計自己，雕塑成最想要的身體曲線」的涵義。

此服務除了訂閱服務這個特色外，還有一點是女性專用。會員可在完全獨立的包廂內，自由使用一臺價值兩百五十萬日圓的尖端美容設備，以自己的步調雕塑身材，可以說是一種介於美容會館與健身房之間的新型營業方式。

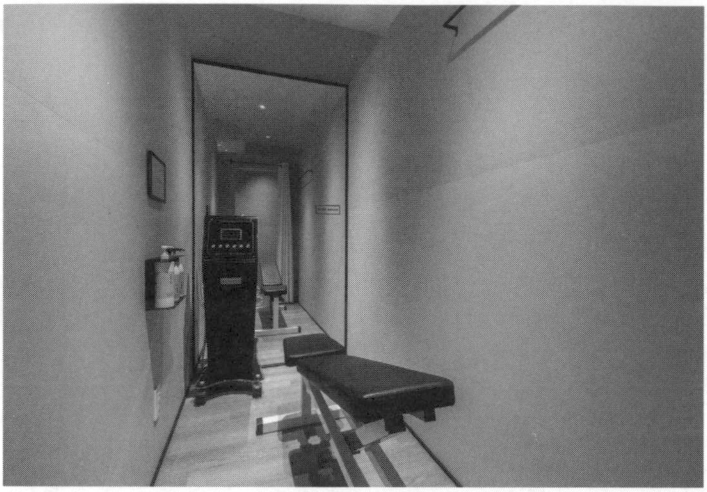

▲圖 5-4　BODY ARCHI 內皆為個人包廂，並提供高性能的美容設備，為想塑身的女性提供最需要的環境。

為個性派健身房打開活路

經營此會館的，是在東證（東京證券交易所）一部上市的公司 Nexyz. Group。其核心事業有二，第一個是向飲食店、旅館、美容業者及公共設施出借 LED 燈的照明事業，另一個是旗下在東證 Mothers（按：東京證券交易所成立的創業板）上市的子公司 Brangista，經手電子雜誌出版事業。

近年第三個挑戰的事業，就是女性專用自助美容健身房。為何此行業跟過去投資的行業全然不同，Nexyz.Group 卻想要進入？

該企業董事社長室長佐藤英也，提出以下說明：

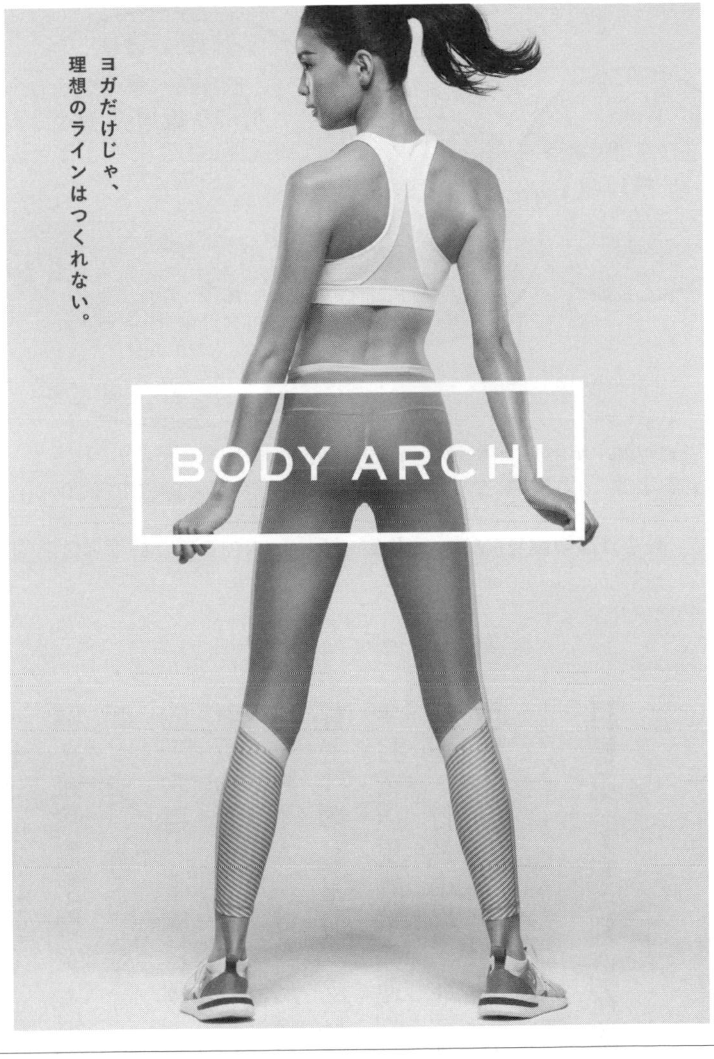

▲圖 5-5　BODY ARCHI 的核心理念是「自己設計最想要的身體曲線」，請時尚模特兒矢野未希子擔任形象大使。

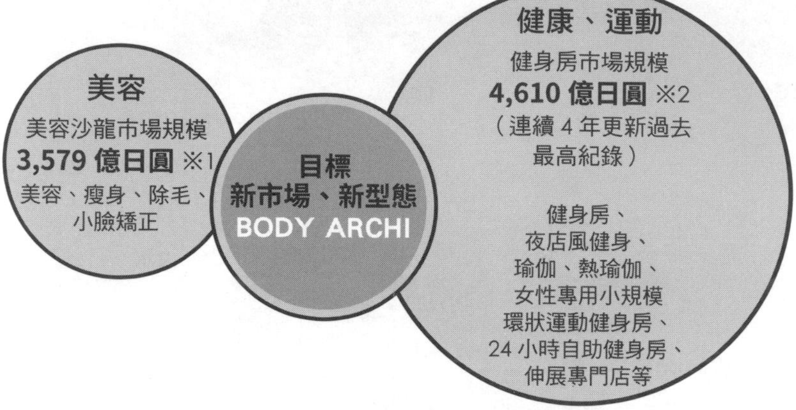
美容
美容沙龍市場規模
3,579 億日圓 ※1
美容、瘦身、除毛、
小臉矯正
目標
新市場、新型態
BODY ARCHI
健康、運動
健身房市場規模
4,610 億日圓 ※2
（連續 4 年更新過去
最高紀錄）
健身房、
夜店風健身、
瑜伽、熱瑜伽、
女性專用小規模
環狀運動健身房、
24 小時自助健身房、
伸展專門店等

※1 資料來源：矢野經濟研究所，有關美容沙龍市場的調查（2017）。
※2 資料來源：公益財團法人日本生產性本部，「休閒活動白皮書 2018」。

▲圖 5-6　美容沙龍與健身房的市場規模。BODY ARCHI 以介於兩者之間的型態打入市場。

美容沙龍的市場規模，在二〇一七年度來到三千五百七十九億日圓。雖然需求穩定，但近年成長幅度低；另一方面，健身房市場規模為四千六百一十億日圓，連續四年不斷更新過去最高規模數字。

除了大型健身房之外，近幾年還有主打拳擊運動，及源自美國紐約、主打夜店風的飛輪運動等個性派健身房逐一打進市場。他們都掌握了想專心塑身的女性顧客的需求（見圖 5-6）。

目標第一名，刻意在淡季展店

而兼併美容與健身的型態，是大公司未參戰的藍海（按：指尚未被開發的全新市場），一氣呵成攻入市場便能拿到第一名。佐藤英也說：「我們只做能成為第一的事業。」

此會館的一號店設在東京的表參道，因為表參道同時兼具時尚與高級感。另外，關鍵是**刻意在淡季開店**。一般而言美容產業的旺季是四月，因為有許多女性想在穿泳裝的夏天前變美，而想鍛鍊身體的需求全年皆有。在淡季開店的目的，是測試美容與健身結合能吸引多少顧客。

表參道店從告知大眾開店到正式開幕的期間約二十天。然而即使在美容淡季，且地點還位於車站附近的小巷弄裡，最後申請體驗的人數仍達到七百四十六件。

雖說是體驗但並非免費，四十五分鐘的體驗必須支付一千日圓。縱然如此，搶初次體驗的門票卻成為炙手可熱的爭奪戰，就算開業過了兩個月，還是有三百人排隊等待體驗服務。

八成以上都在體驗當天加入會員

表參道店的目標會員為八百人，畢竟包廂的數量有限，使用時間也固定，因此接受預約的人數有其極限。加上考量到每位會員一個月可能會前來四至五次，那麼超過八百人就會超過表參道店的負擔能力。該企業原本以為一天有四至五人加入會員就很萬幸，沒想到會員增加的速度卻是一天十至十五人，開幕僅兩個月就達到目標會員數。

最顯眼的是初次體驗後的超高入會率，竟有八成以上的人，在體驗當天就決定加入會員。當天入會，不僅不須支付入會費兩萬日圓與初次體驗費一千日圓，還能拿到訓練衣當成伴手禮。但令人心動的關鍵，其實是服務的月費。

重視衝擊力，月費一萬日圓起

若是每天下午三點以前使用服務，那麼四十五分鐘方案為一萬日圓；七十五分鐘方案為一萬兩千日圓。全天會員的話四十五分鐘方案為一萬三千日圓；七十五分鐘方案為一萬五千日圓。

價格設定為一萬日圓起，目的是讓顧客感受到強烈衝擊——雖然是自助服務，但美容設備是一臺具備多功能的尖端儀器，包含集中加溫到脂肪深處的「雙極射頻」、將美容成分滲透到肌膚深處的「電穿孔美容儀」，以及活化肌膚的「LED美容儀」等，能應對水腫、手腳冰冷、肌膚鬆弛、實胖、肌膚粗糙等各式各樣的女性煩惱。

據該企業所說，在高級美容沙龍做同樣的美容保養，一次就要兩萬至三萬日圓。佐藤英也說：「到現在坦白講，雖然剛開始覺得（月費一萬日圓左右）是不是定得太便宜，但或許正因如此才大受好評。」

其實過去已有店家打出「自助美容」這個口號。之所以沒有普及，是因為初期投資實在太貴。雖然不必僱用美容師，但有多少包廂就需要多少美容設備。例如表參道店有二十一間包廂，所以光設備費用就要五千兩百五十萬日圓（一臺兩百五十萬日圓），還得加上內部裝潢費。若無相當程度的資金，想要大肆展店非常困難。反過來說，一口氣投下資本搶占市場，那麼之後就無人能與其競爭。

以猛烈速度展店的祕訣

其實此會館的展店祕訣，就是讓LED照明爆炸性的普及到民間的自家事業「Nexyz.Zero」——對於簽約企業，包含工程費在內，由Nexyz.Group全額負擔LED燈的費用。簡單來說，就是讓企業「完全不需要負擔初期投資」的計畫。

企業將燈具從白熾燈或日光燈全部換成LED燈，就能大幅降低電費，而省下來的電費作為LED燈的租賃費，在五年間分成六十次支付。LED燈有五年保固，企業支付完租賃費後就能擁有LED燈。在「無須負擔初期投資，還能降低成本」的宣

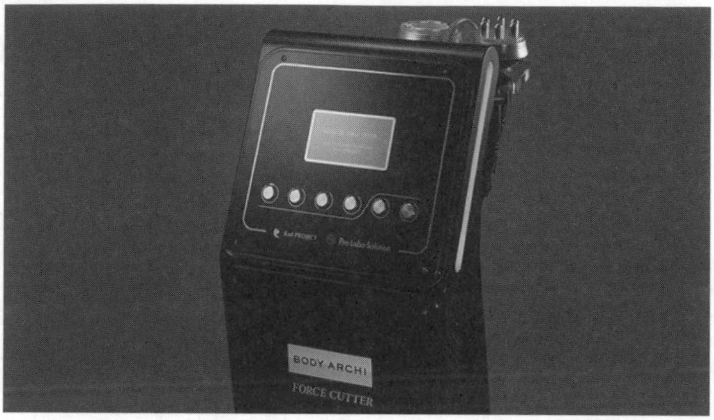

▲圖 5-7　BODY ARCHI 每間包廂，都有一臺兼具多種功能的高性能美容儀器「Force Cutter」。在時限內會員能自由使用。

傳下，從飲食店到大型飯店，服務開始六年間總共簽訂了三萬六千份合約。

除了LED燈之外，其他領域也採用相同的商業模式，例如全額負擔一臺業務用冰箱或高價空調設備，其一百萬日圓的安裝費用。與LED燈相同，這種之後靠分期付款回收投資金額的方式，順利的讓簽約數穩定成長。

大車站附近採用支配性策略

BODY ARCHI 也試圖藉由此方式急遽擴大，招募企業合作夥伴，且由 Nexyz.Group 全額負擔加盟金、裝潢、美容儀器以及人員研修的費用。因此能在「初期費用為零」的狀態下開店，開始營業後再從門市的營業額裡，用五年六十期分期付款的方式支付初期投資額（見下頁圖5-8）。此服務向企業合作夥伴要求的，只有找到店面並簽約。也就是說，只要能找到好位置開店，隨時都能開始經營。

一間店的平均坪數為四十至五十坪（一百三十二至一百六十五平方公尺），員工需四至五名，美容儀器約十至二十臺。計畫中希望達到二〇一九年展店二十間、三年一百間的目標，先從東京出發，再擴張到大阪或名古屋等主要城市。Nexyz.Group在日本全國都有分公司，可以靈活利用自家公司的資源。

該企業甚至致力搶占各大鐵路總站附近的最佳地理位置。「澀谷僅兩間店似乎不夠，像銀座就算有三間店也沒關係。」佐藤英也希望透過表參道店累積經驗，期待二〇一九年春天前能快速展店。

導入「訪客方案」

實際上是什麼樣的人使用BODY ARCHI的服務？在表參道店，會員年齡從二十至五十多歲皆有，平均年齡為三十五歲。較多人傾向選擇七十五分鐘的長時間方案。原因推斷為從接近三十歲的族群，會開始更加注重外在，而且經濟上較為寬裕。

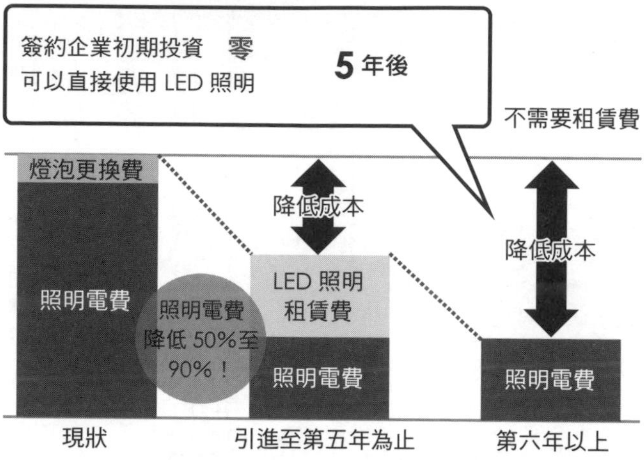
簽約企業初期投資　零
可以直接使用 LED 照明
5 年後
不需要租賃費
燈泡更換費
照明電費
降低成本
LED 照明
租賃費
照明電費
降低 50%至
90%！
照明電費
降低成本
照明電費
現狀
引進至第五年為止
第六年以上

※ 此圖僅為照明電費的比較，不含空調等其他電費。

▲圖 5-8　「Nexyz.Zero」會幫簽約企業負擔初期投資費用，BODY ARCHI 同樣利用了這個服務。

另外，會館邀請曾參與多家企業營運的柴田陽子擔任品牌製作人，且透過網路廣告與名人積極宣傳，並獲得了一定成果。

除了四十五分鐘方案與七十五分鐘方案之外，還有一個「訪客方案」，使用時間限定四十五分鐘，而且每次來店都要付費。下午三點以前五千日圓、下午三點半以後六千日圓。若當月打算光顧兩次以上，那成為會員還比較划算。

對此，佐藤英也說：「在鰻魚店內常見松竹梅套餐（按：三種價位的菜色，最高級為松套餐，最平價為梅套餐），而點梅套餐的人很少，多數人會點中間等級的竹套餐，較有錢的人會點松套餐。那麼為何要有梅套餐？因為這能誘導顧客選中間等級以上的套餐。」因此道理相同，訪客方案的存在，最後能為會員成長做出貢獻。

雖然此服務起跑順利，但假設初期費用需六千萬日圓，就算分成六十次付款，每次付款金額也多達一百萬日圓以上。也就是說，必須具備穩定吸引顧客的能力。如果回收投資額失敗，就會持有大量的不良債權。該如何與足以信任且具經營能力的企業聯手，正是考驗企業眼光的時刻。

雖然還有這些功課，不過此服務若能如預想擴展到日本全國，「自助美容」應該會成為一大流行。此服務究竟能否作為嶄新訂閱經濟的一環，讓營運順利步上軌道？關鍵或許就在速度上。

第六章

訂閱經濟的經營陷阱與成敗分水嶺

即使訂閱服務能幫助企業維繫與顧客間的關係，可是同樣也存在著一些陷阱。本章將探討西裝、刮鬍刀與日本酒的訂閱服務停運案例，找出應該留意的關鍵與教訓。

1 西裝租借服務半年即停運，四個意料之外

製造並販售西裝的企業青木西服在二〇一八年十一月，結束了西裝訂閱服務「suitsbox」。從推出到停運僅半年。結束服務的理由是「四個意料之外」。

負責青木控股公司時裝事業的子公司青木西服在二〇一八年十月，其前社長中村宏明辭去職務，交棒給諏訪健治。據相關人員透露：「社長交替後重新審視了新事業。」訂閱服務似乎也是其中一項。

其訂閱服務的網站首頁載明了服務結束的原因：「考量目前事業環境及服務使用狀況，請容許我們結束共享服務的經營。」

透過這項服務，顧客能以月費七千八百日圓的價格租借一整套西裝、襯衫、領帶。只要登記平常穿的襯衫尺寸與喜歡的款式，造型師就會幫顧客挑選並寄送到府。只要將借來的西裝歸還，每個月都能租借不同的西裝。

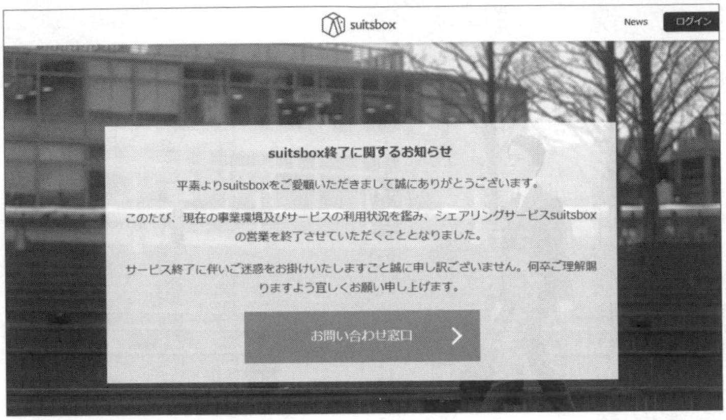

▲圖 6-1　青木西服其訂閱服務官方網站上的停運通知。

開發雖然周全……

原本對青木西服而言，訂閱服務是應對現有門市營業額減少的電子商務戰略，充分展現了該企業的野心。然而，青木西服二〇一九年三月期第二季度（二〇一八年七月至九月）的時裝事業營業額，相比前一年同期減少了三・六％，為四百四十六億四千四百萬日圓，毛利下降四・三％，為兩百六十三億七千兩百萬日圓，可說訂閱服務幾乎毫無成果。

年輕人不穿西裝與工作場所服裝的自由化重重衝擊了青木西服。除了現有門市營收減少之外，關閉虧損店面更進一步造成整體營業額減少。青木西服在嚴苛的競爭環境裡開發了訂閱服務，試圖用電子商務打開一條活路，希望配合「擁有」到「使用」的消費風潮獲得新的客群。該企業活用了群眾募資平臺事先募集感興趣的顧客，以周全的態勢開發服務。

然而，這項服務不久後便草草收山，二〇一九年九月以申請數過多導致品項不足為理由，停止受理新會員的申請，卻從此未能重新開始，最終直接結束服務。結束服務的原因，大致來說有四個「意料之外」。

雖然目標客群是二十至三十歲族群……

最關鍵的意料之外，是事前設想的目標客群與實際使用的顧客有差異。此服務原本開發成針對不穿西裝的二十歲到三十歲族群的青年，提供「使用」而非「擁有」的西裝服務。青木西服解釋：「但實際上，使用者的年紀卻落在四十歲到五十歲，跟原先設想的不同。」

青木西服現有事業的主要顧客也是四十歲族群，若這些人成為主要使用者，說不定反而可能造成青木西服的營業額進一步下滑。從這裡可以窺見大企業夾在保守而難以成長的現存事業，以及建立全新營收模式之間的苦惱。

▲圖 6-2　青木控股公司在 2018 年 5 月 25 日舉辦的決算說明會裡，將訂閱服務視為鞏固基礎營收的方式之一，寄予莫大期待（出自說明會資料）。

難以充實商品內容

第二點是商品內容不夠豐富。青木西服藉由製造商參與訂閱服務的過程了解到，「雖然原本也想要有效活用青木西服既有的商品，但若想提高使用者對租借商品的設計或種類的滿意度，我們判斷難以提供更充實的商品內容。」

雖然企業自產西裝，但想自由調度符合顧客期待的商品還是很困難。顧客滿意度低，就會在短期內大量退訂，使顧客終身價值降低、獲得新顧客的成本增加。

根據這些結果，青木西服說：「由於建構系統費用與服務經營

▲圖 6-3　青木控股公司旗下品牌「ORIHICA」官方網站頁面，目標為開拓年輕人市場。

成本增加，我們判斷不太可能達成獲利。」於是最後做出終止營運的決定。

經營成本降不下來

而第三個意料之外是經營成本。此服務沒有自家物流網，倚賴寺田倉庫提供的倉庫托管服務。雖然目標是建立盡可能壓低成本的事業模式，但成本始終無法降到預想的範圍內。

另外，由於單靠此事業無法確保營收，青木西服說明：「雖試圖讓青木西服現有店面與電子商務網站間彼此宣傳、吸引顧客，但得不到什麼效果。」這就是第四個意料之外，最後使青木西服不得不做出終止服務的判斷。

難以計算持續使用率

在電子商務發展與供應鏈進步下，製造商終於有充足環境可以直接寄送商品給消費者、建立訂閱服務，然而一股腦的跟風是難以成功的。

企業Laxus Technologies的社長兒玉昇司說明：「將貴的商品賣得便宜、複雜的服務簡單化，或縮短時間，訂閱服務只要具備以上其中一個優勢，就容易獲利。」

訂閱服務Laxus透過「用便宜價格隨意租借高價的名牌包」這種經營方式，獲得驚人的九五％續訂率。該企業得以成功的主要原因，是看準女性每天都要使用的持續性，以及對二手商品沒有什麼抗拒。從「擁有」轉移到「使用」的消費風潮確實存在，**但若企業沒有壓倒性的便利足以擊敗「擁有」，那麼想讓消費者真正轉移到「使用」仍然相當困難**。

另一方面，即使設計出符合使用者期待的服務，但對大企業而言，仍存在著**與現有事業彼此競爭**的問題。此外，特別是對與顧客間沒有直接接觸點的製造商來說，計算持續使用率可說是未知的領域。從青木西服的例子可以了解到，訂閱服務的企劃、經營並非靠一朝一夕之功。

專欄

撤退企業揭開成敗的分水嶺

企業從訂閱服務的終止服務案例中，能學到許多教訓。實際情況為何與事前預測發生衝突？曾在美國大受好評的男用刮鬍刀與日本酒的訂閱服務，最終都走向停運的結局。本文將探討訂閱服務成敗的分水嶺。

「二〇一八年五月寄貨後本服務即將終止。感謝您長期的愛護與使用。」──男用刮鬍刀訂閱服務「Tokyo Shave Club」（以下簡稱TSC）在二〇一八年五月結束營運。此服務為新創企業OpenUp自二〇一三年十二月開始推出，主打擁有六層刀片技術與構造專利的韓國企業DORCO製刮鬍刀片。

三個六層刮鬍刀片的高級方案月費為八百日圓（免運費）、三個四層刮鬍刀片的標準方案月費為六百日圓（免運費）、四個兩層刮鬍刀片的基礎方案月費為一百日圓（需運費），總共三種方案。

▲圖 6-4　男用刮鬍刀訂閱服務 TSC，在 2018 年春天通知顧客停運消息。

TSC可以說是將在美國成功發展的刮鬍刀定期配送訂閱服務「Dollar Shave Club」（以下簡稱DSC，由同名公司「Dollar Shave Club」推出）直接搬到日本來的版本。DSC的商品同樣是DORCO生產的刮鬍刀片，費用也幾乎與TSC相同。DSC於二〇一二年推出，四年內會員數成長到三百萬人以上，營業額超過兩百億日圓。二〇一六年七月，DSC的營運公司被消費品公司聯合利華以十億美元收購。日本企業原本期待

TSC也能達到此等成果，沒想到成長情況不佳，到二〇一八年春天就結束營運。

想複製美國成功模式卻失敗

最大的誤算就是在吸引新顧客上遇到挫折，還拖累這個服務到最後一刻。訂閱服務中，讓顧客選用更高額的方案或壓低解約率等，都是左右事業成功與否的重點，但TSC的情況是連最基礎的簽約顧客數都無法確實維持。

造成這個問題的原因可能有兩點，第一是刮鬍刀的購買環境差異。在日本，便利商店跟藥妝店等各類店家都有販賣刮鬍刀，一般人可以輕鬆取得；相較之下，在美國有不少店家會把刮鬍刀放在鎖櫃裡，顧客若想購買還必須請店員開櫃拿取，因此不用前往店家，定期宅配到府的服務對美國居民而言非常方便，使服務能在美國大獲好評。

另一點是初期宣傳不佳。DSC成功關鍵之一是初期宣傳獲得爆炸性的傳播，一口氣獲得了許多服務簽約者——其二〇一二年三月發布在YouTube的廣告，才不過一個月觀看次數就多達五百萬次。

創業者親自演出廣告，從一開始就放上「我們的刮鬍刀真他X的棒」（Our Blades Are F***ing Great）的標題與消音等有趣橋段，然後再挑釁刮鬍刀大廠吉列（Gillette）

▲圖 6-5　刮鬍刀訂閱服務 DSC 在全美國爆紅的 Youtube 廣告影片（https://youtu.be/ZUG9qYTJMsI）。

與舒適（Schick），例如說「你喜歡每個月付二十美元給知名刮鬍刀品牌嗎？其中十九元都給了羅傑．費德勒（Roger Federer，演出吉列廣告的網球運動員）囉」等。一分半的影片最後以「省時省錢」（SHAVE TIME. SAVE MONEY.）這句標語結束，可說是一部充滿創意的廣告（見圖 6-5）。

該服務在影片發布兩天後就收到超過一萬件訂單，而且影片本身還在同一年獲得廣告業媒體「廣告時代」主辦的「數位病毒影片獎」（Digital Viral Video Awards），之中的「最佳意料之外廣告影片」（Best Out-of-Nowhere Video Campaign）這個獎項。

扎實宣傳卻未有成效

吉列與舒適兩間大廠壟斷刮鬍刀市場的情況在日本也相同，不過在日本即使是身為挑戰者立場，大眾也不太喜歡批評其他公司的廣告，因此TSC採用的宣傳策略是，告訴消費者鈍掉的刀片會傷害肌膚、造成色素沉澱，所以建議每週或每十天就更換刀片等，有關刮鬍刀的小知識或定期配送服務的優點，企圖啟蒙消費者。然而商品本身給人的印象薄弱，無法受到消費者青睞。

顧客數沒有成長也影響了進貨。進貨量少會導致無法取得批量購買折扣，最後就會壓迫到利潤。最終預期服務無法成長，才讓公司做出停運的決定。

不過另一方面，雖然顧客數比預估的低，但幾乎沒有人解約，可以說滿足了顧客所需的便利性。因此該服務與其說不受到顧客支持，不如說是單純沒有人知道它的存在，最後才黯然退場。

最後讓顧客「畢業」的經營方針

另一個訂閱服務停運案例，是推出日本酒訂閱服務的電子商務「SAKELIFE」。此服務由專門經營日本酒事業的新創企業Clear營運，雖然後來因取得各界好評而獲得利益，但最後事業轉讓給其他公司，以其他名稱繼續經營日本酒相關服務。

此服務是請創業五百年老酒商的店主發揮鑑賞力，配合顧客喜好精選日本酒並定期宅配到府的服務。訂閱方案分成月費五千兩百五十日圓（含稅，以下同）宅配一升瓶（一千八百毫升）的「大口喝方案」，以及月費三千一百五十日圓宅配四合瓶（七百二十毫升）的「微醺方案」這兩種。營運企業也積極利用部落客開箱等各種網路宣傳方式吸引顧客，使會員數穩定成長。

然而失算之處在於，簽約兩年左右的會員會逐漸「畢業」。從「了解自己對日本酒的喜好」、「有自信自己選酒了」等顧客的感謝話語中可以看出，顧客並非因為對服務有所不滿才解約。企業的執行長生駒龍史回顧：「雖然確實達成了事業起初的目的，告訴『想喝日本酒卻不知道該怎麼挑選』的人日本酒的喝法與挑選方法，但這思維不適合進一步擴大事業。」

「個別挑選」也成為負擔

為提升服務品質，此服務配合顧客嗜好致力於挑選日本酒品牌，這個做法卻造成企業的獲利負擔。此服務過去是根據事前問卷，詢問顧客喜歡甜酒還是辣酒等喜好，然後依據結果個別挑選日本酒並寄送，最後再按照滿意度調查調整，選擇更推薦的品牌。

貫徹這個流程能提升顧客滿意度，進一步提升顧客終身價值，但顧客的「畢業」卻成為發展阻礙。SAKELIFE 後來被轉讓給其他公司，並轉型成介紹日本酒資訊的媒體，以及專門提供高級日本酒的電子商務，以事業成長為目標。

縱使世界現在處於訂閱經濟的浪潮中，卻也不是只要採用此制度就一定能成功，其他失敗案例比比皆是。若企業想推展訂閱服務，必須向各行各業探聽相關資訊與難處，之後進行精確的模擬，才有機會提高成功機率。

第七章

讓訂閱服務成功的五大要點

訂閱服務該如何建立？本章由過去在亞馬遜日本接觸市場行銷十年以上及擔任亞馬遜 Prime 部門負責人，現任 CustomerPerspective 代表董事綷川謙來告訴你。

1 訂閱服務真的是萬靈丹嗎？

訂閱經濟目前正急速擴大發展，許多具備全新商業模式的新興事業，也將訂閱服務視作入門必備知識。《日經ＭＪ》（專門探討各產業消費、市場行銷的媒體）二〇一八年熱門排行榜，將「大關」（按：「大關」為相撲力士的階級名稱，僅次於橫綱。此排行榜以相撲階級形容名次）的稱號頒給了「訂閱經濟」。自二〇一六年起，Google搜尋引擎上關鍵字「訂閱經濟」的搜尋數急速增加，到了二〇一九年時，相比前一年更大幅成長了八三％。

在訂閱經濟的市場中，除了原本就有的物流類型服務外，音樂、電影、軟體等數位服務或製造商提供的服務也陸續登場，可說百花齊放、多采多姿。

話雖如此，訂閱經濟真是如同魔法般的萬靈丹嗎？

我作為一名顧客，使用了許多訂閱服務；長年以來也作為經營者，以各式各樣的形式推動訂閱服務；至今仍以顧問的身分，為企業的訂閱服務提供建言。

我在本章中，會從顧客視角與經營者視角，以及作為顧問的視角，將焦點放在訂閱

	製造商	通路、服務	數位
買斷	・麒麟啤酒推出的工廠直送新鮮啤酒服務「Home Tap」	・定期購買 ・電子商務、網購會員制度	・數位影視 ・數位音樂 ・訂閱服務軟體 ・訂閱服務 App
共享	・瑞納推出的西裝租借服務「KIRUDAKE」	・Clover Lab 推出的名牌手錶租借服務「KARITOKE」	

▲圖 7-1　訂閱服務的商業分類圖。

服務的共通處與本質探討，並以五項要點為主軸，建議企業思考建構訂閱服務時，應當考慮的基本課題：

一、訂閱服務的本質為何？
二、如何決定適當的費用？
三、該怎麼制定關鍵績效指標？
四、該花多少行銷預算？
五、如何發現並培育新的事業種子？

2 訂閱服務的雙贏矩陣圖

訂閱服務有什麼優點與缺點？本節提到的「雙贏矩陣圖」可以驗證其吸引力。

訂閱服務其實是老早以前就存在（例如定期購買等）的商業模式。今日因數位技術發展、顧客「從擁有到使用」的價值觀變化，才讓這個領域急速擴大。

顧客與經營者透過訂閱服務，約定提供與持續使用服務。**其中「持續」是本質**，為不可或缺的關鍵。企業獲得大量持續使用商品或服務的顧客，甚至超出原本的預想，長期下來就能建構出令人驚嘆的訂閱服務。

另外，有許多服務是採用定期付費、使用次數無限制等方式。

本節將焦點放在「持續性」這個訂閱服務的本質，以及定期付費這項許多服務都具備的共通點，並從顧客與經營者角度深入解說其優點與缺點，驗證訂閱服務的吸引力。

顧客視角的優點：不須事前決定

對顧客來說，訂閱服務的優點是「不須事前決定」。顧客因為會持續使用，所以之後選擇要用的商品就好，若是無限制使用次數的服務，更不須在一開始就決定。這便衍生出「不用尋找」這個優點。

想找好東西總是需要時間，若顧客事前了解「高品質的東西會持續不斷提供」，且交由企業處理就能節省時間。訂閱服務可以體驗多種服務與內容，從費用上來看往往相當划算。

各位或許在飯店享用午餐時，遇到有吃到飽自助餐及單點兩種方案，然後選吃到飽方案的經驗。吃到飽方案讓你可以之後再選想吃什麼，且喜歡的東西能盡情吃，總覺得特別划算。

在第一章第一節之中，企業 Laxus Technologies 社長兒玉昇司提到，以讓顧客「從選擇的痛苦中解放」為目標。由於名牌包可能高達數十萬日圓，顧客能以少了兩位數的月費六千八百日圓租借，當然讓人覺得划算。

數位音樂或電影的訂閱服務中，大都是採用音樂、電影無限制欣賞的形式。我以前常買喜歡的創作者推出的 CD，而現在靠音樂串流服務，可以接觸到以往難以想像的大量作品，在生活中接觸音樂的時間急遽增加了。

顧客視角的缺點：必須做約定

對顧客來說，缺點是「必須做約定」這個高心理門檻。雖然若顧客充分了解服務提供的商品以及其具備的價值就不構成缺點，但若並非如此，顧客就不確定「接下來要繼續使用這個服務」是否能滿足需求。此外，註冊手續往往較麻煩，主要原因是必須綁定信用卡等，讓消費者自動定期支付費用。

所以，建構訂閱服務最重要的一點，是解決顧客心中的高門檻。多數訂閱服務提供免費試用期，讓顧客在一開始能無風險使用服務的理由就在這裡；簡化註冊過程，讓顧客可以在很短時間內註冊完畢，也是大幅影響會員註冊意願的關鍵。我過去曾澈底簡化綁定信用卡的介面，沒想到因此增加五〇％以上的會員數，讓我大吃一驚。

向顧客表明退訂手續，**讓顧客可以順利退訂**也是很重要的細節。我有時會看見一些訂閱服務刻意提高退訂難度，雖然可以理解經營者「不希望顧客退訂」的意圖，但這反而會提高註冊時心理上的門檻，必須多加注意。

各位在解說市場行銷的報導中，或許常看到「留住顧客」的敘述。我認為比起「留住」，做好讓顧客「隨時都能離開」的努力，才能使顧客想持續使用服務，這才是長期而言讓服務成長的重點。

從成功的經驗可以知道，有許多會員曾解約過又再次註冊。這些顧客暫時離開後，才再度感覺到服務的價值而又重新註冊。因此想讓顧客回流，給他們「能輕鬆退訂」的信任感是不可或缺的。

經營者視角的優點：營收持續上升

從經營者的角度來看，優點是營收能持續上升。我覺得這個優點，可以分成「行銷的視角出現巨大轉變」以及「加深與顧客間的聯繫」（吸引顧客）這兩個要素。

在訂閱經濟市場中，只要能獲得新顧客，就可以從顧客手上取得持續不斷的收益，因此行銷方式從過去的「再次賣出」，轉變為「保住顧客不讓顧客退出」，可說有了巨大轉變。

關於與顧客間的聯繫，回到午餐的例子，各位有自助餐吃到太撐的經驗嗎？顧客選擇吃到飽的方案時，心中想的應該是「既然都付錢了，就要吃夠本」。我向他人說明時，常將此稱為「自助餐法則」。顧客吃了很多，表示顧客對服務感到充實，也是喜歡服務的證明，從行銷視角來看，可以看成「加深了與顧客間的聯繫」。

由於人類是一種慣性動物，很有可能一旦對服務感到滿意就會持續使用。企業針對「維持顧客」與「吸引顧客」，確實執行擬定的策略，獲得顧客的信賴，才能獲得持續的營收。

經營者須注意的地方：費用設定困難

另一方面，雖然稱不上缺點，但經營者也有必須小心的地方。首先就是費用設定困難，尤其是剛推出服務時因為沒有過去的數據可以參考，不曉得怎麼訂價能獲得多少顧客，顧客又會使用到什麼程度。

由於訂閱服務是持續性的事業，所以頻繁更改費用會破壞顧客的信任。因此，策劃訂閱服務其實並不容易。關於費用設定我會在下節詳細解說。

另外，為了讓顧客感受到服務「不必先決定好」、「不必花時間找」，能否提供機會與資訊請顧客體驗服務，獲得顧客「高品質的東西會持續提供給我」的信任就是關鍵所在。顧客有時會產生「全部交給你決定」跟「想親自挑喜歡的東西」完全相反的需求，所以透過擴大品項、追加付費服務等手段，給顧客更多選擇也很重要。

	顧客視角	經營者視角
優點		
缺點		
缺點的解決辦法		

▲圖 7-2　用雙贏矩陣圖驗證訂閱服務的核心理念。

持續保證服務品質可能會成為一大挑戰。除了數位服務外，企業在一次能提供的物品量或服務量有限的服務裡，必須考量顧客急速增加時如何確保供應，以免顧客感到失望。

靠「雙贏矩陣圖」進行驗證

我將前面提到的觀點，做出雙贏矩陣圖這個簡單的圖表（見圖7-2）。若企業能依據此圖表，提出訂閱服務的具體優點、缺點與缺點的解決辦法，即可驗證經營核心理念是否具有吸引力。

如果企業能明確想像，從顧客視角與經營者視角都覺得「這點子不錯」的優點，就有可能提升訂閱服務的成功機率。缺點也要盡心找出來，之後只要找到解決辦法，那缺點就不是缺點了。

不論是目前正在計畫採用訂閱服務的企業，或打算進一步成長的企業，不妨試著用雙贏矩陣圖，從顧客、經營者雙方視角來驗證事業的吸引力。

3 怎麼決定適當的費用與顧客體驗？

企業該怎麼提供最棒的顧客體驗？本節會解說可應用於服務設計實務上的行銷概念——顧客價值主張（customer value proposition，簡稱CVP）。

本節主題是談論，如何將訂閱服務導向成功的服務設計。為了提供給顧客最棒的價值，我要介紹可用於服務設計實務的行銷概念——顧客價值主張，以及能持續提高價值與經驗，並獲得顧客信任的做法。另外我也會提到訂價與物流（物品的流通、計畫與管理）等服務設計上，重要且困難的地方。

什麼是顧客價值主張？

顧客價值主張換句話說就是「提供給顧客的價值核心」，這是我從事行銷工作二十年至今認為最重要的概念，時常幫助我驗證服務吸引力有多強。

具體來說，如果你想找出自家企業的顧客價值主張，不妨試著用幾行簡潔有力的文字說明服務價值。顧客價值主張裡最重要的是對誰（目標顧客）、用什麼好處（利益）、以多少錢（費用）提供服務（見左頁圖7-3）。想簡單、明確的傳達顧客價值主張，讓顧客被服務吸引是非常困難的事，因此必須仔細思考。

在現實中，如果不能簡潔傳遞價值，顧客不會了解。若請人看過顧客價值主張後，能馬上得到「這個不錯！」、「令人雀躍！」、「很想試用！」等回應，這一定能成為具有高度價值的服務。

行銷上的宣傳話語不應直接採用顧客價值主張，而是要配合媒體的特性進行修正。這不限於訂閱服務，顧客價值主張在任何企劃或服務中，都是相當好用的思考工具。

服務能否解決顧客的問題

我在此介紹一個傳遞價值的具體案例：我是男仕服飾訂閱服務「Leeap」的會員，此服務能以月費七千八百日圓租借請造型師搭配好的整套服裝。在該服務的官方網站上可看到，「交給造型師輕鬆搭上潮流」或「每個月宅配造型師精選的服裝」等訊息。

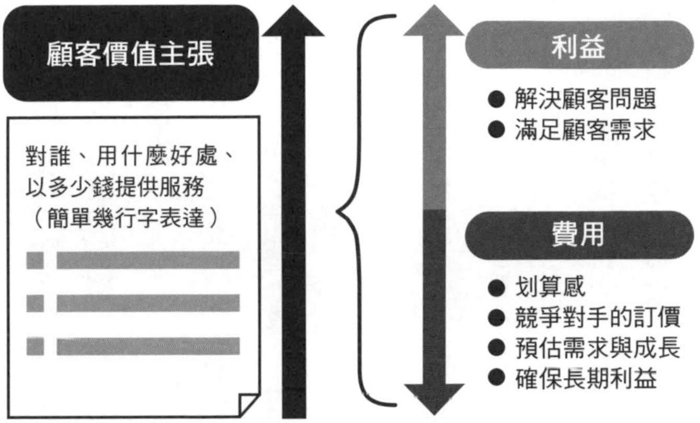

▲圖 7-3　對誰、用什麼好處、以多少錢提供服務，企業可以此思維為基礎，簡潔寫下顧客價值主張。

我之前的煩惱是，衣櫃裡堆了太多以前買的衣服。即使我想買新衣，但不喜歡花時間逛街，而且有重複買特定顏色、設計的傾向。能以七千八百日圓的價格，穿上造型師每個月協助挑選的時尚服飾，這個服務對我來說相當誘人。

該服務提供了方法解決我的問題，還用划算的費用為我帶來不少利益，成功讓我覺得「想用看看」。若你已經使用了某個服務，可以試著分析經營企業，讓你看到什麼「想用看看」的要素。

持續提供最棒的價值與體驗

訂閱服務具有持續性，因此「能持續提供最棒的價值」非常重要。而「在各種場合都能提供最棒的體驗」也一樣重要。所謂各種場合，指的是訂閱申請、使用時、更新時的場所與時間，換句話說即是「設計最好的顧客旅程（customer journey）」。

數位服務的顧客體驗（customer experience，簡稱CX）僅靠網站與手機即可提供，但與物品有關的服務，必須透過網路、配送、商店、租賃據點等各種場所（以下稱接觸點）來提供。

若企業想改善訂閱服務的顧客體驗，只看到接觸點（點）的視角是不夠的。必須藉由各個接觸點等多種窗口（寬），並考量訂閱、使用、更新等持續使用的狀況（時），以「寬」×「時」得到的「面」，找出顧客體驗應改善的地方並提出計畫。

從提供服務者的角度看，雖然各個接觸點的負責人不同，合作並不容易，可是顧客並不會注意這一點。若顧客曾在某個接觸點有過不好的經驗，服務滿意度就會下降，很有可能導致退訂。經營者必須時刻注意是否隨時保持顧客視角，在所有場合都提供最棒的顧客體驗。

企業為此能做的，就是決定具體方針（如開心、好懂、簡單、親切等），了解自己想提供怎樣的服務，並策劃能持續改善服務的流程。製作顧客旅程地圖（Customer Journey Maps，將顧客旅程視覺化，見左頁圖7-4）便是一種相當有效的方法。盡可能想像具體且真實的人物誌（Persona，描繪目標顧客），實際從顧客角度出發，查出可以改

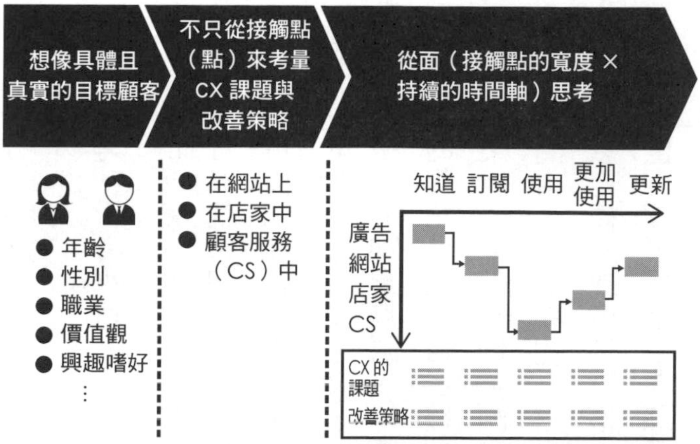
想像具體且
真實的目標顧客
不只從接觸點
（點）來考量
CX 課題與
改善策略
從面（接觸點的寬度 ×
持續的時間軸）思考
年齡
性別
職業
價值觀
興趣嗜好
在網站上
在店家中
顧客服務
（CS）中
知道
訂閱
使用
更加
使用
更新
廣告
網站
店家
CS
CX 的
課題
改善策略

▲圖 7-4　企業是否能在各種場合持續提供最棒的價值，可用顧客旅程地圖思考。

善的地方並提出策略。

在費用設定上須考慮的四點

訂閱服務的特徵之一，就是訂價非常困難。原因是**一旦頻繁更改價格會破壞顧客的信用**，例如漲價會帶給新顧客「上個月訂閱的人費用比我還低」的不良觀感。企業若想調整費用，要不就是得等到契約終止，要不就是得取得顧客的同意。

訂閱服務在訂價時須考慮以下幾點：

一、是否具有讓顧客接受的划算感（與顧客價值主張有密切關係）。

二、競爭對手的費用設定在什麼價位。

三、是否可以預估費用帶來多少需求與

成長。

四、是否能確保事業長期利益。

關於第三、第四點，由於事業正式開始前沒有充分資料，只能靠第一與第二點或對現存事業的了解來推測。例如重視成長可以設定較低費用，不過這可能難以確保長期利益。訂價有誤就會關係到事業的存續。

企業可從顧客視角來思考第一與第二點。顧客使用訂閱服務時，多半想的都是「自己使用這項服務有沒有好處」。例如有個月費三千九百八十日圓，顧客可在提供 Wi-Fi 及電源插座的咖啡廳無限暢飲咖啡的服務「Zero Café」。知道這項服務時，我腦中第一個跳出來的想法就是，自己每個月究竟喝多少咖啡。

以我來說，平日平均買咖啡兩次，每個月約四十次左右，因此若辦公室附近有此服務的合作門市，以每杯約一百日圓計算，對我來說就很划算。如果有其他同樣的咖啡暢飲服務，想比較的就會是價格。因此，企業如果訂定出多數顧客都覺得「這個服務最划算」的價位，就可以讓事業蒸蒸日上。

從供給方來看，要讓服務持續下去，能得到長期利益是極為重要的關鍵。而在思考長期利益時，顧客終身價值是舉足輕重的觀點。關於顧客終身價值我會在後面說明。

物品的訂閱服務必須考量的地方

企業在設計實體商品的訂閱服務時，必須考量到物流（物品的流通與管理等）。數位形式的商品不須在意庫存，若是實體商品，**「讓顧客在需要時可以使用想要的物品」**就是一大課題。「拒絕」顧客造成的不只是機會損失，說不定也會導致印象及滿意度下降，因此企業需要建立良好的物流系統，即使需求增加也能及時應對。

在實體商品的訂閱服務中，這點成為近來各服務的課題，許多服務因此遇到困難而停運或停止招募會員。另一方面，前面介紹的 Leeap 就將服裝穿搭內容全部交由造型師處理，顧客無法指定顏色或品牌。該企業想做到的，是最大限度活用庫存，使物流全力運轉。

4 為了實現長期成長，如何制定關鍵績效指標？

企業在服務設計後，須了解對成長來說必要的關鍵績效指標制定方法。

如同前述，訂閱服務成功的關鍵，是獲得並維持許多會持續使用服務的顧客，然後做出超出預估的成果。我在這節會介紹，能評價這幾點的關鍵績效指標的制定方式，以及如何利用關鍵績效指標實現長期成長。

我先把多數經營者視作最重要的目標之一——「盈餘」當成關鍵目標指標（Key Goal Indicators，簡稱ＫＧＩ），例如某年後的盈餘是多少億日圓等（目的）。接著讓我們以此為前提，試著思考如何令經營有所成長，並產生盈餘的關鍵績效指標（策略）。

投入關鍵績效指標與產出關鍵績效指標

雖然有各種擬定關鍵績效指標的方法，不過我認為其中最重要的，就是明確區分出投入關鍵績效指標（Input KPI）與產出關鍵績效指標（Output KPI）。投入關鍵績效指標是表示，是否採取了策略以達成目標的指標，而產出關鍵績效指標則是表示，施行各種策略後得到結果的指標。

產出關鍵績效指標為建構訂閱服務時須思考的最重要指標，其中包含了總顧客數與顧客終身價值。所謂的顧客終身價值，就是每位顧客「身為某特定服務的顧客期間」帶來的價值合計，例如在典型的訂閱服務中，顧客從註冊會員到退訂期間，為提供服務的企業帶來的總盈餘。簡化來看，只要總顧客數增加，顧客終身價值也會增加，事業整體的價值就會因彼此相乘的作用大幅提高。

制定投入關鍵績效指標，就能讓總顧客數及顧客終身價值等成長。解說關鍵績效指標制定方式的文章內，很常提到先製作邏輯樹，然後將各項關鍵績效指標彼此相乘、相加，最後達成關鍵目標指標等說明。以我的經驗來看，這種手法用過頭反而造成制定出不切實際的方針。

我認為優質的關鍵績效指標有以下幾個條件：

一、是事業重要的成長要因。
二、是可行的（為了提升關鍵績效指標可以採取的具體措施）。
三、可以提升顧客體驗。
四、能具體且定量的進行評價。

使事業成長的投入關鍵績效指標條件

前述第一點的事業的成長要因，與投入關鍵績效指標所代表的事業目標呈現因果關係。假設有個能提供多元化服務的訂閱服務，若（A）每位顧客使用的服務數與（B）每位顧客的購買金額之間，在統計上具有很強的相關關係，而且（A）上升後的結果就是（B）也上升，亦即兩者間具有因果關係時，「每位顧客使用的服務數」就很有可能是良好的投入關鍵績效指標。

第二點中「可行」的意思，是指可以採取具體措施以提高關鍵績效指標，並憑自家公司的努力控制關鍵績效指標。例如顧客續訂率對訂閱服務的成長是很重要的因素。當續訂率可透過廣告等宣傳策略控制時，才具有作為關鍵績效指標的意義。若無法對顧客是否續訂的行動造成影響，即便測出各種數值，也沒辦法促進事業成長。

關於第四點的「能具體且定量的進行評價」，或許各位會認為畢竟這是關鍵績效指標，所以這個條件是理所當然的，不過若要同時滿足第三點提升顧客體驗與第四點，可就沒那麼簡單了。

在前一節我們介紹了咖啡暢飲的訂閱服務。假設有個同樣以都市商務人士為對象的服務，雖然提供顧客在許多店能暢飲咖啡的服務內容是必要的，但即使能具體且定量的評價合作咖啡廳的數量，作為關鍵績效指標卻還不充分。舉例來說，就算增加許多平常沒什麼人去，只是偶爾下午開一下店的咖啡廳據點，也沒辦法達成良好的顧客體驗。

那麼把「距離大車站徒步三分鐘以內，每天早上八點開始營業的合作咖啡廳數量」當成關鍵績效指標的話又如何？我想各位也能看出，只要這個數值持續增加，那麼服務使用者也會跟著增加，事業能不斷成長。

投入關鍵績效指標必須針對獲得新顧客、維持顧客等各種場面進行思考。

而在制定關鍵績效指標時最不能忘的，就是先決定好成功標準（Success Criteria，簡稱ＳＣ）。這是指「達成這件事這個策略就成功了」的基準。制定成功標準最典型的例子，就是將獲得新顧客的成本的成功標準，設定成能長期維持事業利潤的水準。

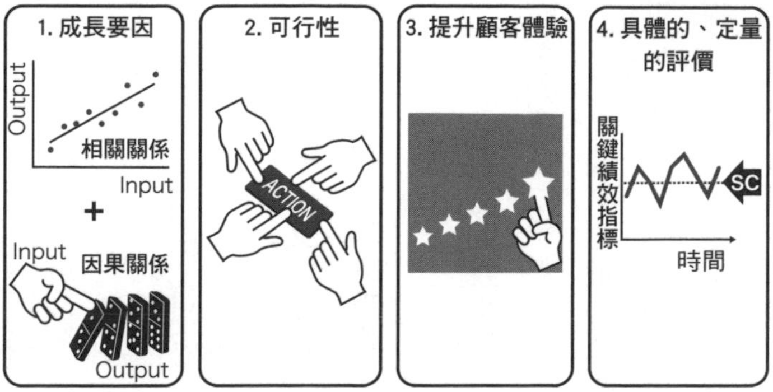
1. 成長要因
Output
相關關係
Input
+
Input
因果關係
Output
2. 可行性
ACTION
3. 提升顧客體驗
4. 具體的、定量的評價
關鍵績效指標
SC
時間

▲圖 7-5　能讓事業成長的投入關鍵績效指標條件。

應重視的產出關鍵績效指標是？

除了顧客終身價值外，產出關鍵績效指標中還有顧客滿意度與顧客忠誠度值得留意。顧客滿意度可以透過幾顆星的滿意度來當成評價手法，顧客忠誠度則可以將「推薦給其他人的程度」量化作為評價指標。

不過，與其過度重視數值本身，不如進行完整且長時間的定期比較，或與同業界的其他業者進行橫向比較。

產出關鍵績效指標也要重視可行性。我建議與其單純測定數字，不如以自由申論「為何回答『滿意』或『不滿意』」或「為何將推薦給他人的程度記為這個數字」等形式詢問顧客。

配合定期比較或業界內的橫向比較，就更有可能找出真正應該採取的策略。

雖然網路或問卷調查都很好，但訪談形式能更深入顧客的需求或問題所在，發現隱藏的關鍵。以這些發現為基礎，就能針對需求或問題點做出應對，使改變顧客滿意度或顧客忠誠度變得可行。

用關鍵績效指標實現長期成長

我之所以反覆強調「可行」的重要性，是因為做出能成長的策略並持續實行的架構，是訂閱服務成功的關鍵。這個架構包含了以下幾個步驟：

一、設定假說：設定做什麼會令事業長期成長的假說。假說的基礎是數據、分析、顧客的意見以及經驗。不要以完美計畫為目標，重視速度也很重要。

二、測試：進行測試驗證假說。由於驗證需要數據，所以一開始先設計「能檢測結果」的測試。測試的具體例子，可採用目的為檢驗「策略與結果的因果關係」的A／B測試（按：一種隨機測試，將兩個不同的東西進行假設比較）。

三、檢測、分析：檢測後分析測試結果，並與成功標準比較。結果超過成功標準或正在改善時，就找出成功因素，擬定能拿出更大成果的策略，例如對成功策略的相關領

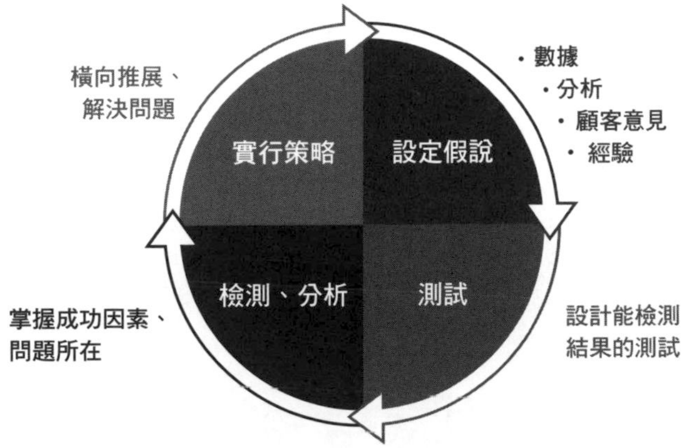
橫向推展、
解決問題
實行策略
設定假說
・數據
・分析
・顧客意見
・經驗
檢測、分析
測試
掌握成功因素、
問題所在
設計能檢測
結果的測試

▲圖 7-6　用關鍵績效指標實現長期成長的架構。

域做出橫向推展；若結果未滿足成功標準甚至更惡化時，就找出問題所在並研究解決辦法。

四、實行策略：實際實行橫向推展的策略或問題的解決辦法。

做出可以持續一至四步驟的架構，關鍵績效指標就變得可行，一步步走向長期成長（見圖7-6）。在下一節我們要以本節說的關鍵績效指標為主，來思考訂閱服務的投資報酬率（Return on Investment，簡稱ROI）。

5 該花多少在行銷預算上？投資報酬率怎麼算？

企業該如何考量訂閱服務的投資報酬率？除了顧客獲取成本之外，服務本身的魅力也很重要。

本節接下來要討論訂閱服務的投資報酬率。企業考量投資報酬率再決定如何投資行銷，才能使事業成長，持續獲得營收。思考投資報酬率時，要把行銷費用真的當成投資，不期待短期能回收，而是構築長久事業的一環。

考量到顧客終身價值的投資報酬率

應該有許多市場行銷負責人，每天都對如何壓低顧客獲取成本感到苦惱不已。若想獲得訂閱服務的會員，只要了解顧客終身價值，制定行銷策略時就能有更多預算。

顧客終身價值指的是顧客終身（使用服務的期間內）能為企業帶來的價值合計，價值通常用合計利潤來表示。例如顧客平均使用服務三年，而訂閱第一年、第二年、第三年的利潤分別是兩千五百日圓、四千日圓、三千五百日圓。這樣看來三年間的顧客終身價值就是合計一萬日圓（見左頁圖7-7）。在此因為須思考要花多少錢在獲得顧客的行銷上，所以利潤採用的是減掉行銷費用前的數字。

如果想短期回收成本，就不能花費太多行銷費用，不過光從三年內的顧客終身價值來考慮，就可以積極推出各種行銷策略。以前面的例子來說，假設理論上要再獲得一名新顧客，須追加九千九百九十九日圓的行銷費用，但三年內每位顧客帶來的利潤，最後還是可以為正數。企業便可以此思維，思考投資報酬率。

第二三八頁圖7-8灰色曲線表示獲得顧客數與行銷總費用的普遍關係。若先從最有效率的方法依序進行，那麼之後想獲得更多顧客時，顧客獲取成本就會隨之提升。鄰接灰色曲線的黑線角度，則是指「想多獲得一位新顧客所需的行銷費用」，等於「極限顧客獲取成本」。

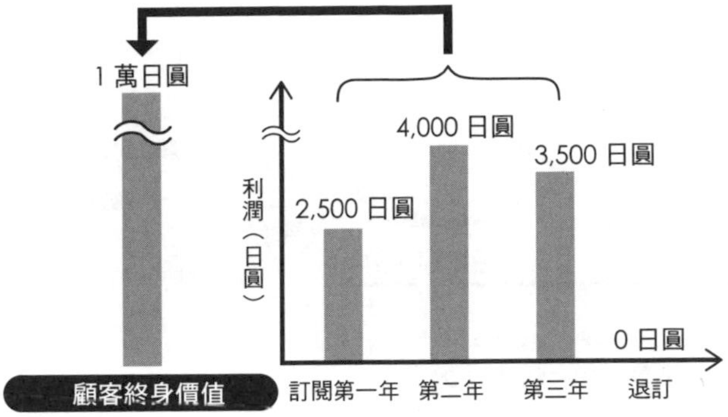

▲圖 7-7　此例子可以計算出三年內的顧客終身價值合計為 1 萬日圓。

使利潤最大化

若企業重視的是利潤最大化以及事業長期的成長，那麼在此圖中投資行銷的判斷，就會是最多投資到極限顧客獲取成本等於一萬日圓為止。如果此時行銷策略如預想的發揮效果，顧客獲得數即為X。雖然可以將極限顧客獲取成本的目標訂在一萬日圓以上，積極的進行投資，但視顧客情況，事業可能在這三年會產生損失，導致利潤減少。

若優先重視報酬率而非事業成長或利潤的話，也能將極限顧客獲取成本的目標設定在一萬日圓以下。由此可知，顧客終身價值是握有行銷關鍵的重要關鍵績效指標，然而要做出正確評價並不簡單。難以評價顧客終身價值的理由有幾點：一、訂閱服務剛推出時不存在這份數據；二、隨今後行銷策略改變，數字也會跟著變動等。

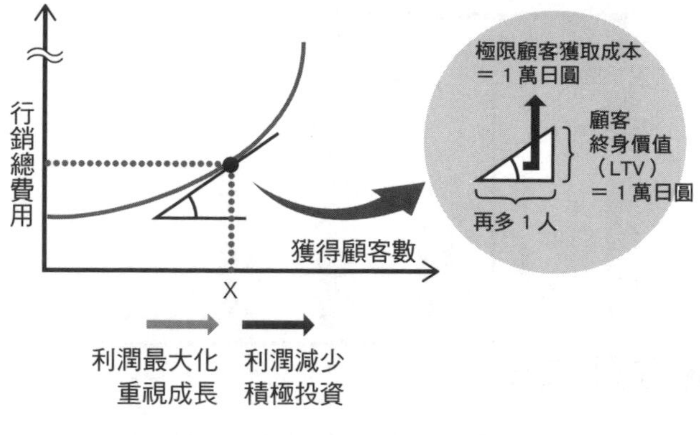

▲圖 7-8　投資行銷的判斷基準。鄰接曲線的黑線角度為「想多獲得一位新顧客所需的行銷費用」，等於「極限顧客獲取成本」。

還有，三、獲得顧客的管道（例如數位行銷與線下實體活動）不同，顧客的品質與終身價值也往往有很多差異，這點需要多加留意。

最後，四、若已擁有並非訂閱服務的既有事業，可能會發生**現有顧客移轉到訂閱服務的競食效應**（Cannibalization），造成既有事業的負面影響，這點也同樣要小心。

本書第六章第一節介紹的青木西服訂閱服務，可作為第四點的參考案例。像這種情況，扣掉競食效應所造成的負利潤，單純以純增加的利潤為基礎算出顧客終身價值會是比較好的方法。在現實中設定目標顧客獲取成本時，最大限度利用既有數據推算顧客終身價值，然後參考前述的風險因子，將「乘以推估顧客終身價值的某%」視作成功標準，也不失為定期審視數字的一個方法。

我建議企業可試著將顧客獲取成本當成關鍵績效指標之一，並把成功標準設定為「極限顧客獲取成本等於顧客終身價值」。不斷反覆進行前一節所說明，起始自設定假說的週期，便能打造出可以長期提高事業價值的架構。如果想讓訂閱服務成長，在目標顧客獲取成本內可擴增性的獲得顧客是相當重要的一點。

所謂可擴增性指的是「可以把規模擴大」的意思，不過我在此所指的是，「可以將拿出良好成果的行銷策略橫向推展，進一步得到更大成果」的意思，企業可透過行銷策略架構化或科技自動化達成這點。

反覆執行假設與驗證的過程，是成長的關鍵

「得到好結果，而且有可擴增性」的策略並不容易發現，反覆以數據為基礎建立假說，進行測試、分析結果，最後改善的這個過程才是要點。

過程中應該會出現多次失敗，可是若能做到設定周全的假說然後持續測試，以數據為基礎反覆驗證，那麼終有一天能挖到金礦。如果挖到金礦，就試著考慮把原本用手挖的過程自動化，讓科技幫忙做事。低成本、高效率可以持續帶來重大的成果。

光是採用訂閱服務，也不可能像魔法般解決一切事業上的課題。訂閱服務之所以能成長，我認為靠的是優質企業，扎實做到前述那些乍看無趣卻非常重要的關鍵過程。想實現這些過程，經營者或領導者的觀念及領導力、分析師與資料科學家的能力、為了自動化或引進ＡＩ所需的工程師資源等都是必要的。

為了提高服務本身價值所做的投資判斷

以獲得顧客的行銷為例，我介紹了投資報酬率，但可別忘了最強力的行銷工具就是服務本身的魅力。用長遠眼光看待行銷投資，除了投資到行銷媒體外，為提高服務的價值而投資服務本身也是不可或缺的。

雖然投資對象會隨訂閱服務本身的內容而有巨大差異，但重要的在於要讓投資結果超出顧客們的期待，提供超出想像的服務價值與體驗。

例如若是使用咖啡機或啤酒機的訂閱服務，開發並提供品質、功能皆良好的器材，讓講究飲品的顧客讚不絕口就會是成功關鍵。如果是實體店面、提供設施的服務（飲食或租車等），建構各設施之間的網路就是應該投資的項目。倘若是數位內容的話，充實軟體、電影及音樂的投資就不可或缺。

為了提高服務價值的投資跟獲得顧客的行銷不同，要從事業的規模來考量投資報酬率。每間企業判斷基準不同，例如也可用淨現值法（Net Present Value）看準未來幾年間的情況，再判斷是否投資。

我在下一節會探討，到底該怎麼貫徹「從顧客視角提供最棒價值與顧客體驗」，以及建立架構的方法。我想從顧客視角與經營者視角，試著思考今後什麼樣的訂閱經濟具有莫大潛力。

6 永遠站在顧客的觀點思考

我在本節中會從各式各樣的領域，具體考察今後訂閱服務的可能性。一切方法的根基是澈底保持顧客視角。

讓我們一起思考，今後什麼樣的訂閱服務具有可能性。然後我想從我的經驗出發，統整之前所有觀點，告訴各位澈底保持顧客視角該怎麼做。

我在前面解說了，要成功所需的視角。從持續性這個本質出發，企業為建構訂閱服務須考量各種數值與情況。話雖如此，訂閱服務終究不過是提供給顧客最佳價值的一種手段。我認為不論是哪種商業模式，能提供讓顧客雀躍滿意，忍不住大叫「好棒！」的服務，才是最重要的事。

科技是提高價值與體驗的手段

為了提供優質體驗，普遍認為今後重要性會快速增加的，就是物聯網（Internet of Things，簡稱 IoT）與ＡＩ等科技工具。

例如我過去開始使用的訂閱服務中，幫我最多忙的就是 App「智能鬧鐘」。我早上常常沒辦法自己爬起來，有著想藉由高品質的睡眠行為，增加工作生產力的需求，因此我被「按照預定時間神清氣爽的起床」這句標語吸引，啟用了這個 App 的付費服務。數據告訴我半夜吃東西、喝咖啡可能會讓我睡不好，或適度走路讓我睡得好，藉此我終於改善生活品質。這是個讓我感覺到「真厲害！」的服務。

關於新服務活用科技的思維，可以從「該怎麼運用科技建構可以解決顧客需求或問題，提供優質體驗與最棒價值的訂閱服務」這個角度切入。

如果想活用ＡＩ，那麼使用ＡＩ本身不是目的，而須以理解為前提，例如「機器學習後能做到什麼」，思考如何提高價值或體驗的方法。具持續性的顧客需求中，有哪些是可以藉由掌握顧客與經營者的狀況，進行預測、分類、最佳化、找出錯誤並做出應對？活用尖端科技的訂閱服務能提供前所未有的顧客體驗，而其方法可說是無限多。

找到解決問題的嶄新觀點

讓我們一起從全新角度切入，試著思考生活上具重要性及持續性的事物：而我會率先想到飲食、工作、興趣、娛樂等領域。

飲食的領域中有哪些問題與需求？跟我身邊的人聊天時，常聽到「想多嘗試在不同的餐廳吃午餐，但平時很忙，會去的店只有幾間」等想法。我很在意營養均衡，如果有一種訂閱服務，幫我從移動範圍、介紹及顧客意見，找出不僅料理好吃，營養也不會失衡的店家，那我必定會馬上用看看。

工作領域又如何？業務員等常在城市內移動的商業人士，就算知道搭計程車很省時間，但頻繁搭計程車的花費可不小。有時候為了省時間搭計程車，卻反而遇到塞車造成反效果。

如果有個服務，可以讓顧客在東京內隨意搭乘各家公司的計程車，然後以全球定位系統（GPS）位置資訊及塞車資訊為基礎，建議最有效率的移動方法，或許就能提升商業人士的移動效率，同時降低計程車的空車率也說不定。

說到娛樂領域，我喜歡聽爵士、古典、流行等各種音樂類型的音樂會。但由於票價不低，往往只會去相同表演者的音樂會。另外，不小心忘記預約的時間而錯過也是一個

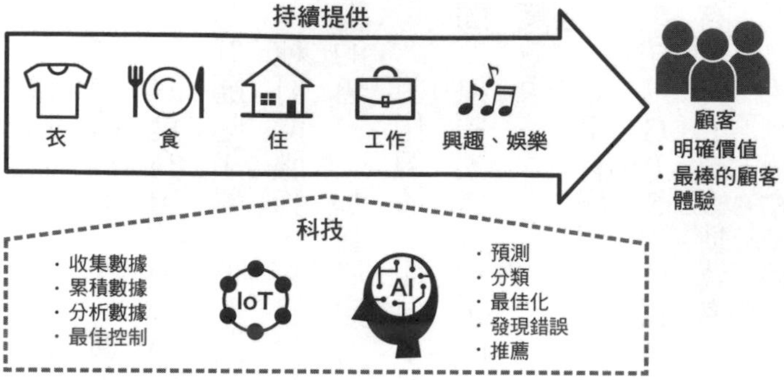

▲圖 7-9　科技是提高顧客價值與體驗的極佳工具。

煩惱。

若有提供無限制參與音樂活動的訂閱服務，並讓AI通知消費者，或許就能提供很棒的顧客體驗。對於雖然知道很多歌手卻在意票價的使用者，以及想讓更多人知道自己卻始終賣不出票的歌手來說，這個服務一口氣解決了雙方的問題，是很具有潛力的服務。

將持續驗證顧客體驗的方式架構化

本章中我提出了許多從顧客視角思考的各種架構，具體來說，像重視顧客價值主張的思維、顧客體驗的關鍵績效指標與其運用方式，或以顧客需求及問題為出發點，做出新事業核心理念的方法等。

若企業能設計出有自信的服務、商品，確定能為顧客提供明確的價值，之後便可從顧客身上取得回饋。例如利用網路或面對面進行顧客意見調查，還有網站或 App 商店上的評論、寄給客服中心的意見等多種資訊來源。資訊不使用就不會產生價值，仔細傾聽顧客的聲音、採取措施、持續改善服務是必要的工作。

另外，我強烈建議企業規畫一個環節：讓經營事業的負責人或領導者，親自作為一名顧客使用並檢驗服務。將前述的顧客旅程地圖當成思考工具也很不錯。在這個環節中不須倚賴市調公司也不必支付調查費用。

令人驚訝的是，有非常多負責人以為自己很了解自家服務的顧客體驗，所以沒有客觀、定期的進行檢驗。其中定期驗證新顧客的顧客體驗的人，更可說是少數中的少數。之所以會發生這種情形，是因為負責人老早就是這個服務的使用者，但若不刻意創造機會，就無法體會到新顧客的感想。由於訂閱服務的成功關鍵之一就是擴大會員數，因此企業必須細心留意註冊時的顧客體驗。

企業必須將「想提供什麼樣的顧客體驗」轉化成具體的顧客體驗方針，然後親自作為顧客測試服務是否符合。任何訂閱服務都應該做出一套若發生問題時，就思考改善策略並予以實行的架構。

要讓以上這套架構發揮足夠效果的關鍵，是以經營高層為首的領導者必須親自指揮，並採納顧客視角，改變企業的文化。不能只要求服務、商品的企劃負責人或行銷負

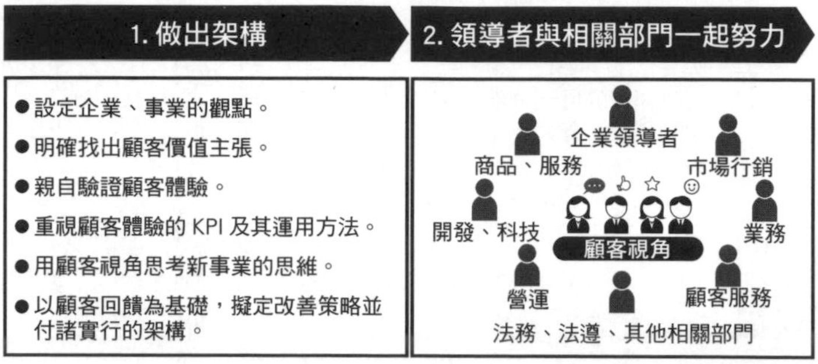
1. 做出架構
2. 領導者與相關部門一起努力
●設定企業、事業的觀點。
●明確找出顧客價值主張。
●親自驗證顧客體驗。
●重視顧客體驗的 KPI 及其運用方法。
●用顧客視角思考新事業的思維。
●以顧客回饋為基礎，擬定改善策略並付諸實行的架構。
企業領導者
商品、服務
市場行銷
開發、科技
業務
顧客視角
營運
顧客服務
法務、法遵、其他相關部門

▲圖 7-10　企業維持顧客視角的方法。

責人努力，科技、營運、顧客服務等其他相關部門都要一起做出改變。不僅要從各種角度嘗試改善服務，若整間公司時時刻刻都用顧客視角思考，就能發揮出最大的效果。

訂閱服務蘊含提供最棒價值的巨大潛力

訂閱服務不是事業觸礁時，用來解決所有問題的萬靈丹。因為具持續性所以有其特有的課題，而且不同的服務應當採取的措施也有巨大差異，然而不論對顧客還是企業來說，仍具有莫大潛力，可以提供非常棒的價值。

我從使用訂閱服務的日常生活中，感受到生活過得更方便、快樂，也更多采多姿。今後我也期待讓人雀躍不已的全新訂閱服務，能出現在世人面前。

國家圖書館出版品預行編目（CIP）資料

訂閱經濟的獲利實例：包包、西裝、手錶、眼鏡、汽車到房子……超過 20 個案例，讓顧客從買一次變成一直買。／日經 xTREND（Nikkei xTREND）著；林農凱譯 . -- 初版 . -- 臺北市：大是文化，2020.10
256 面；17×23 公分 . --（Biz；336）
譯自：サブスクリプション 2.0 衣食住すべてを飲み込む最新ビジネスモデル
ISBN 978-986-5548-06-3（平裝）

1. 顧客服務　2. 行銷策略　3. 企業經營

496.7　109010669

Biz 336

訂閱經濟的獲利實例

包包、西裝、手錶、眼鏡、汽車到房子……超過 20 個案例，讓顧客從買一次變成一直買。

作　　者／日經 xTREND（Nikkei xTREND）
譯　　者／林農凱
校對編輯／蕭麗娟
美術編輯／張皓婷
副 主 編／馬祥芬
副總編輯／顏惠君
總 編 輯／吳依瑋
發 行 人／徐仲秋
會　　計／許鳳雪、陳嬅娟
版權專員／劉宗德
版權經理／郝麗珍
行銷企劃／徐千晴、周以婷
業務助理／王德渝
業務專員／馬絮盈、留婉茹
業務經理／林裕安
總 經 理／陳絜吾

出 版 者／大是文化有限公司
臺北市 100 衡陽路 7 號 8 樓
編輯部電話：（02）23757911
購書相關諮詢請洽：（02）23757911 分機 122
24 小時讀者服務傳真：（02）23756999
讀者服務 E-mail：haom@ms28.hinet.net
郵政劃撥帳號：19983366　戶名：大是文化有限公司

法律顧問／永然聯合法律事務所
香港發行／豐達出版發行有限公司
Rich Publishing & Distribution Ltd
香港柴灣永泰道 70 號柴灣工業城第 2 期 1805 室
Unit 1805, Ph.2, Chai Wan Ind City, 70 Wing Tai Rd, Chai Wan, Hong Kong
Tel：21726513
Fax：21724355
E-mail：cary@subseasy.com.hk

封面設計／林雯瑛
內頁排版／吳思融
印　　刷／鴻霖印刷傳媒股份有限公司

出版日期／ 2020 年 10 月初版
定　　價／ 360 元（缺頁或裝訂錯誤的書，請寄回更換）
ISBN　978-986-5548-06-3